希望世界上所有的久处不厌都是因为

“啊，你怎么越来越可爱了”，

而不是因为“算了算了，都已经在一起这么久了”。

自由的成分当中，一定包含了“你看不惯我，那你讨厌我好了”这种痞子气。

前言

小时候，束缚你的是那句“你还是个孩子”；长大后，束缚你的是那句“你已经是个大人了”。

小时候，你幻想自己能够拯救世界；长大后，你只希望生活可以放过自己。

你成天嚷嚷着要自由，但真给你自由的时候，你却不知道该做什么，只会躺着玩手机，坐着玩手机，站着玩手机。

以至于不管你哪里不舒服，你妈妈都觉得你是玩手机玩的。

你成天喊着要减肥，但你为减肥做过的最大努力，就是在吃火锅、吃烤肉、吃蛋糕的时候，要了一瓶无糖饮料。

以至于别人是月入十万，而你是月入十万卡路里。

你特别喜欢熬夜，就像上辈子是个路灯。

以至于第二天，你一看文档就“好困呀”，一碰哑铃就“好累呀”，一提吃饭就“好的呀”。

你并不确定自己喜欢什么，曾经非常想要的东西，却在到手的时候突然就对它没感觉了。

你并不知道自己要去哪里，背上行囊的目的，有时候仅仅是为了让自己看起来是个有去处的人。

也曾想谈个恋爱，可瞅遍了身边的人，居然没一个能让自己动心的。

也曾有人向你表白，但是没有谁坚持到底了；也曾和某某暧昧，但是统统以失望烂尾；也曾试过销声匿迹，但是等来的却是无人问津。

让你难过的，都说自己没有恶意；让你受伤的，都说自己不是故意。

对你好的人，你弄丢一个就少了一群；让你讨厌的人，你见完一个却来了一批。

纪念日越来越多，值得纪念的日子却越来越少；朋友圈越刷越多，朋友却越来越少。

让你激动的都是别人剪辑过的诗意与远方，所以你越来越忍耐不了眼前的苟且和无聊；让你感动的都是别人加工过的仁义和忠孝，所以你根本就感受不到身边的感动与美好。

发起狠来，你恨不得将脑子格式化了；但重新爱上自己的理由，仅仅是因为洗了个头。

你想做的事情没有选择权，不想做的事情又拒绝不了。

你喜欢的东西没资格拥有，不喜欢的东西又舍不得丢。

结果是，你的生活中堆满了“可以做但又觉得没什么意思的事”“做不到却又不得不做的事”，以及“不想做却又不好意思不做的事”，唯独没有你喜欢的事。

你意识不到自己得到了什么，却总能记住自己付出了什么。

你记不住别人为自己做过了什么，却总能记住别人没有为自己做什么。

你一次次吹响“改变自己”的冲锋号，却很快就瘫坐在离出发不远的地方。

没有人惹你生气，也没有人给你惊喜。一年的快乐总和，都不如学生时代的课间十分钟。

没有爱恨，也没有心情。即便每天 99% 的时间都面带微笑，但你很清楚自己并不快乐。

渐渐地，你的生活从可歌可泣变成了可“搁”可“弃”，从什么都敢变成了什么都怕，从浪漫主义活成了“什么都无所谓”主义，从理想主义变成了“什么都不想理”主义。

其实，和任何一种生活摩擦，久了都会起球。

但是，既然你已经登上了生活的“贼船”，那就当个快乐的海盗。

不要装酷或者冷漠，整个宇宙已经够冷了。真正宝贵的是那些温暖而纯粹的东西，比如自信、自爱、快乐、宜人、独立、谨慎、耐脏，以及热爱。

我所理解的“自信”，不仅是随时随地都觉得“我能行”，还包括竭尽全力之后坦然地承认“我不行”，以及面对讨厌的人能够大方地说“我不想行”；就是相爱的时候有能力与之热情相拥，分开的时候有勇气坦然相送。

我所理解的“自爱”，就是不用靠虚张声势来给自己壮胆，不需要谁的夸奖来证明自己真的很棒，而是内心坦荡而且确定：“我就是这样，有优点也有缺点，喜欢我的请继续，讨厌我的别放弃。”

我所理解的“快乐”，就是走在路上，你会觉得这个世界没有什么恶意；就是别人见到你，会觉得你肯定有什么喜事儿。

我所理解的“宜人”，就是出现了矛盾，你和那个他都明白，是“我们PK问题”，不是“我PK你”。

我所理解的“独立”，不只是发生在下班之后的房间里，进了停车场的车里，关上门的厕所里，还包括在熙熙攘攘的人群面前，在千篇一律的潮流面前，在众口铄金的偏见面前。

我所理解的“谨慎”，不是在人前谨小慎微，不是在事前缩手缩脚，而是直面问题时，不看轻任何一个人；就是别人选择的种种，你可以不喜欢，但不会出言扫兴。

我所理解的“耐脏”，不是等同于眉清目秀或者锦衣华服，而是不会变冷的血，是不会被市井荼毒的魂，是说一千遍“归来还是少年”也装不出来的真。

我所理解的“热爱”，就是想做的事情不会随随便便地做，不想做的事情尽量不勉强自己做；就是不怕落俗，但浪漫不死；就是竭尽全力之后，允许自己颗粒无收；就是在庸常的生活中拥有讨好自己的能力；就是相信有无数条道路可以通向明天；就是会想方设法地找到被生活藏起来的糖果。

毕竟，你也只有一个一生，要好好活过，才知好歹。

你只有去做点儿什么，才能确定自己是“远非如此”，还是“真的不行”。

你只有去热爱点儿什么，才能确认是“生活没意思”，还是“自己太乏味”。

你只有迈出了脚步，才能知道横在面前的石头是“绊脚的”，还是“垫脚的”。

就像周国平说的那样：“就算人生是出悲剧，我们也要有声有色地演这出悲剧，不要失掉了悲剧的壮丽和快慰；就算人生是个梦，我们也要有滋有味地做这个梦，不要失掉了梦的精致和乐趣。”

一辈子很长，如果不快乐，那就更长了。

所以，不要和烂人烂事纠缠，不要忘了自己想要什么，不要只走好走的路，不要把幸福寄托在别人身上，不要忽略了细微的感动，不要太早下定论，不要把时间浪费在解释上。

不要把最糟糕的一面留给最爱你的人，不要跟风去指责你完全不了解的人或事，不要把自己变成被戾气裹挟的浑蛋。

要做一个“知足又上进，温柔又坚定”的大人。要学会跟孤独、委屈和失望相处，要学会自律、保持乐观并懂得拒绝，要怀有热情并充满耐心。

要做你喜欢的事，做你觉得对的事，做你觉得值的事，就算这些选择在别人看来很傻、很亏、很不讲理，但你自己明白，这些选择足以对抗生活的“不爽”，成为你的“暗爽”。

所谓“积极的心态”，就是哪怕自己不曾拥有，也能愉快地欣赏别人拥有；就是哪怕在风雨交加的黑夜里孤独前行，心里也还能想着在地球上的某个地方正风和日丽。

所谓“最好的状态”，就是每天晚上都能干干净净、心安理得地入睡，每天早上都能清清爽爽、精神抖擞地醒来。

所谓“很好的一生”，就是今天要做的事情都做了，今天要爱的人都爱了，今天想吃的东西都吃了。

这个世界没有世外，也没有桃源，当你对生活怀有足额的热爱时，你实际上就找到了通往快乐星球的秘密通道。

当你对喜欢的事情不遗余力时，遗憾的事情就会越来越少；当你将好玩的东西塞满了生活时，讨厌的东西自然就没了容身之地。

希望世界上所有的久处不厌都是因为“啊，你怎么越来越可爱了”，而不是因为“算了算了，都已经在一起这么久了”。

希望所有的大龄青年还有不负此生的决心，而不是像个包裹一样把自己随便地寄出去。

希望所有的中老年人还有追求爱情的勇气和享受生活的热情，而不必担心被旁人说成“老不正经”。

希望正在努力的年轻人能够坚定地做自己，而不必介意被随波逐流的人当成异类。

希望内向的人有底气拒绝某个人或者圈子，而不是勉为其难地成为面目模糊的某某。

你要快乐，不必正常；要活得漂亮，还要耐脏；要慢慢理解世界，还要慢慢更新自己；要及时清醒，还要事事甘心。

注定不能万事如意的人生，就不祝你一帆风顺了，我祝你乘风破浪。

愿你保持热爱，奔赴山海。

老杨的猫头鹰

2020.2.15 沈阳

我所理解的“很好的一生”，

就是今天要做的事情都做了，

今天要爱的人都爱了，

今天想吃的东西都吃了。

目录

@所有人，

你爱听不听的社交建议：

1. 互道晚安之后，
如果看见朋友发了新动态或者还在继续和别人互动，
要有不去质问的默契。

2. 如果有一天闹掰了，
绝不能添油加醋地在任何人面前说对方的坏话，
就算做不了朋友，你还得做人。

天生我材必有用，一直不知道要怎么用

1 /

22 岁，你大学毕业了，满怀希望地进了一家看起来还不错但其实根本就不了解的公司，做了一份听起来很有前途但感觉不到什么价值的工作。

那时的你很有上进心，每天都在埋头苦干，可到了年底，你和那些整天混时间的同事一样，都是多拿一个月的年终奖。

老板盯着你看了半天，你以为他会当众夸奖你，你觉得在精神上得到补偿也不错，结果他蹦出来一句："你……你是姓张吧？"

你觉得很委屈，觉得努力没有意义。

就像是，你赶了一夜的假期作业，第二天去报到的时候，老师居然不检查。

到了 27 岁，你遇到了和你年纪相仿的另一半，你们东扯西拉地聊着。那个晚上，对方在微信里对你说："我觉得你还不错。"你客气地回了一句："你也不错。"

然后，你还没弄明白这算不算是正式交往，双方的家长就摆出了宴请八方的阵仗。再然后，你和那个人各揣心事，影帝影后般开始出演下半生。

你偶尔会觉得失望，但又觉得已经这样了。

就像是，你在板上钉钉子，已经钉进去了一大半，发现不太对，但现在费力把它拔出来，你又觉得很麻烦。

到了 35 岁，你的工作稳定了，日子也固定了，每天过得就像是用 3D 打印机打印出来的：一样的人、一样的事、一样的扯皮拉钩和鸡毛蒜皮。

于是，你跟你的另一半提议："下个月去日本玩一圈吧。"对方回答说："花那个钱不如给孩子报个补习班。"

你觉得对方说得也对，就是很乏味。

就像是，你想去上海看周杰伦的演唱会，就随口说了一句"机票好贵哦"，然后有人建议你："那你还是去广州吧，去广州的机票便宜。"

等到七老八十，你躺在病床上，脑海里翻阅了一下自己的人生过往，突然发现，自己早在和那个并不喜欢的人结婚的时候就已经死掉了。

16 岁红着脸告白的某某，再怎么用力去想，都想不起来长什么样子了；24 岁握紧拳头说要挣到的存款数额，也已经完全记不住是多少了。

你觉得这样的一生也没出什么差错，就是挺没劲的。

就像是，你排了好久的队才买到了一张电影票，可直到电影要结束了才意识到，只是一部不好笑的喜剧片。

成长的感觉，就是在你降落到这个星球的时候，有个声音告诉你，说你可以拥有一切，结果等你稀里糊涂地混到一把年纪了，却有无数个声音在提醒你，说你的人生只能这样了。

就像是，你被推进了一个巨大的迷宫之中，你每天都在卖力地寻找出口，结果突然有一天，有人告诉你，说这个迷宫根本就没有设置出口。

2 /

几个朋友打算晚上去吃烤肉，我问天天喊着减肥的吴大小姐去不去，她纠结了两秒钟，然后挑着眉毛回答道：“我还是抛硬币决定吧！”

我原本以为，抛到数字或者抛到图案的某一面，她就不去了。结果她补了一句：“如果硬币摔碎了，我就不去！”

吃烤肉的时候，有人因事提前走了，随后在微信群里发了“拜拜”两个字。

结果吴大小姐惊叫道：“天呐，我有个重大发现，‘拜拜’这两个字像是四根烤串耶！”

我瞬间觉得我的白眼都要翻到脑瓜顶上去了。

吃完烤肉，我送吴大小姐回家，走着走着，她突然就跳了起来，然后双手在空中用力地拍了一下。完成这个诡异的动作之后，她开始咯咯地笑。

见我一脸诧异，她解释道：“刚才的饭桌上有八只大虾，我只吃了四只，表现得很节制，值得表扬一下，所以我就和自己来了一次‘Give me five’（击掌）。”

我又翻了一次白眼，问她：“那为什么要跳起来拍？”

她继续咯咯地笑：“因为本姑娘的灵魂长得太高了，不跳起来，根本够不着！”

等她笑声停了，我对她说：“你和以前不太一样了，心态上好了很多。”

吴大小姐回应道:“回想当年,我和自己做斗争,真是差点儿没牺牲!”

吴大小姐和自己的斗争堪称是一场旷日持久的战役。

上初中的时候,爸妈总吵架,她的内心戏就是:“都怪你们,害得我不能好好学习,那我不学了,看你们还吵不吵?”可后来成绩真的严重下滑了,爸妈却不认为是大人的错,更糟糕的是,她并没有报仇的快感,反倒是觉得学习越来越吃力了。

后来参加工作,老板不太重视她,她的内心戏就是:“哼,努力了跟那些没努力的人一样,那我也不努力,看你亏不亏?”结果她在工作中错误频出,老板当然不会觉得自己有责任,于是把她辞退了。

恋爱的时候,和男朋友吵架了,她就不吃不喝不睡,她心想:“这一切都是你造成的,是你害我不能好好生活的,那我干脆就不好好活了。”结果是,在某个傍晚,她一头栽倒在洗手池边……

她慢慢意识到,跟自己较劲的结果每次都是“赔了夫人又折兵”,不仅没能解决问题,而且大大提升了生活的难度。

她说:“抽到一副烂牌,如果你赌气把牌打得更烂,看似是在替自己出一口恶气,其实是在为自己挖一个大坑。老天也好,老板也好,都是吃软不吃硬的家伙,我吓不着他们,跟他们赌气,无非是把委屈泄愤到我自己身上。”

这就好比说，你是个种庄稼的，遇到灾年了就努力把损失降到最低。你总不能往田埂上一躺，然后怼天怼地怼空气，指着老天爷开骂："老子不活了！"这有什么用，结果只会是活活饿死！

然而类似的情况却常有发生。

有人因为父母逼着自己选了一个不喜欢的学校或者专业，所以整个大学生涯都浪费在游戏和玩乐上；

有人因为寝室里、团队中有一个极不喜欢的人，所以整天都在愤慨、郁闷和难受的情绪中打转；

有人因为老板没给自己一份有意义的工作，所以整个职业生涯都消耗在了消极怠工和故意对抗上；

有人因为遇到了一个糟糕的恋人，所以余生都处在消极厌世的状态中；

有人因为别人的一句话说得不太中听就把婚后的日子过得风声鹤唳……

他们都觉得自己委屈，他们共同的心声是："给我发这么烂的牌，输了怪我咯？"

可问题是，事情已经发生了，已经是事实了，已经不可更改了，如果你避免不了，那就应该学会接受，然后努力去打开新局面，而不是用赌气的方式来扩大伤害。

你不能用眼前的坏事，赶走了未来的好事。

最好的心态是，晴天时爱晴，雨天时爱雨。

至于那些不期而遇的凌厉白眼，就让它们白着吧，你就当作是初春的梨花开满了枝头。

至于那些不请自来的风凉话，就让它们凉着吧，你就当作是酷暑时的穿堂风来了又去。

3 /

前阵子看了一部英剧，名叫《肥瑞的疯狂日记》，是根据一个广播员的真人日记改编的。女主就属于那种“不爱自己”的典型。

女主很胖，自认为很丑，她的性格很孤僻，时常觉得自己多余，甚至觉得自己该死。

在一次自杀未遂后，她被迫去见了心理医生，医生反复劝告她：“你要试着爱自己。”

女主质问道：“你每次都说要好好爱自己，就像复读机器一样，可除了说这种便宜话，你到底能不能治好我？”

医生对她说：“好，那请你闭上眼睛，诚实地回答我的问题。”

如果有趣太难，那就争取有用；

如果快乐太难，那就想哭就哭。

女主闭上了眼睛，医生问："请问你讨厌自己什么？"

女主的情绪瞬间就崩了，她哭着说："我讨厌自己又肥又丑，而且总是把事情搞砸。"

医生又问："那你回想一下，你到底是从什么时候开始有这种厌恶感的？"

女主回答说："大概是九岁，又或者是十岁。"

医生说："看来已经有很长时间了，那请你想象一下，那个十岁的自己就坐在你的面前，现在请你对这个十岁的女孩说：'你好丑，你好胖，你真没用，你活着只会给别人惹麻烦。'"

女主想了半天，却说不出口，她觉得这样太残忍了。

医生却说："可实际上，你每天都在对自己做这种残忍的事情，而且你做了很多年。"

毫不夸张地说，爱自己的人为美化地球做出了杰出贡献，而不爱自己的人更像是这个星球的沉重负担。

那么你呢？

你不关注身体的需求，渴了不去喝水，饿了不去吃东西，困了不去睡觉；一个人的时候，要么是不吃饭，要么是不按时吃饭，再不就是点外卖和吃零食，怎么糊弄怎么来。

然后，熬夜和头发你都想要，健康和偷懒你都想有，怎么可能呢？

你不允许自己犯错，不允许自己落后，不允许自己失败，哪怕只是错了一点点，哪怕只是不得已的小失误，哪怕是因为别人的疏忽才导致了问题，哪怕只是不完美但已经很好了，你都不允许。

对待别人，你既宽容又善解人意；可对待自己，你却像是拿着鞭子，时时刻刻都在训斥和恐吓自己。

你很少夸奖自己，很少欣赏自己，你看不见自己身上的闪光点，而是习惯性地拿自身的缺点和弱势去跟别人的优点和强项做比较，然后一边瞧不起自己，一边怪自己没用。

你的生活中到处都是“可以做但又觉得没什么意思的事”“做不到却又不得不做的事”，以及“不想做却又不好意思不做的事”，唯独没有你喜欢的事情。

人这一辈子，唯一能逆生长的东西就是胆量。

久而久之，你的心越来越冷，直至冻得生硬，外面的热闹进不来，里面的情绪出不去。

所以我的建议是，不要揪着没用的东西不放，尤其是觉得那个没用的东西是你自己的时候。所谓世界和平，就是自个儿跟自个儿和平。

不要总是怪命运对你满是恶意，真正的恶人可能是你自己。

既然大家都是来此人间走一遭，那就不妨对自己用心一点儿，把这不得不过完的一生变成值得庆贺的一生。

比如，你勤学苦练考上了理想中的大学，你付出真心追到了心仪的那个人，你努力争取拿到了全额奖学金，你熬夜奋战写完了一本构思已久的小说，你认真钻研在某个游戏里成了团队的主力。

比如，你坚持走完了 20 公里的徒步活动，你坚持每天进行 5 公里的慢跑，你坚持每天背了 50 个单词，你耐着性子把一本难啃的专业书啃完了。

比如，你每天出门之前都对着镜子笑一笑，给自己加油鼓劲儿，或者坚持每天都化一个精致的妆，每天很认真地穿衣打扮。

比如，你每顿饭只吃八分饱，每天写写日记和心得，记录一下一整天发生的喜怒哀乐，包括陌生人好看的微笑、阿猫阿狗们可爱的外形、树叶子的新绿、喷泉的壮观……或者在临睡之前泡个脚，到时间了就关机睡觉，早上醒了就马上下床。

比如，你会要求自己换一身舒服的衣服和鞋子出门走一走，或者去街角的小卖部里买一根雪糕吃，或者选一本杂志站在树荫下消磨半个小时。

比如，你会不时地提醒自己不要没完没了地刷朋友圈、微博和短视频，而是要远离虚拟的世界，活在真实的当下。

慢慢你就会明白，爱自己不是空中楼阁，而是需要你亲力亲为地为自己做点儿什么，去为它奠基。

不要怀疑自己倒霉，比起看得见的坏运气，看不见的好运其实要多得多。

不要感慨“我已经不行了”，只是“还不行”而已。

每个人都有一个精彩的故事在等着他，只不过抵达故事发生的地方，你需要米饭和时间。就好比说，没有一朵花从一开始就是花。

4 /

抖音上有个很火的视频，大意是，有人送了一朵花给乞丐，乞丐高高兴兴地拿回家了。

就在他把花放进花瓶的那个瞬间，他觉得脏兮兮的花瓶配不上这朵花，所以就把花瓶给洗了。

洗完花瓶又觉得桌子太脏，配不上这么干净的花瓶，于是把桌子给擦了。

擦完桌子又觉得房间太乱了，配不上这么干净的桌子，就把房间给收拾了。

收拾完房间，又觉得自己配不上这间屋子，于是剃须、洗头，从此洗心革面了。

生活年复一年地敷衍你，其实是从你日复一日地敷衍自己开始的。

生活遵循的规则是：你对自己不屑一顾，生活就会对你嗤之以鼻；反之，你将自己视若珍宝，才会被生活奉为上宾。

所以我的建议是，如果你跟自己没有什么深仇大恨的话，就请整理一下乱糟糟的桌子和房间，就请远离那个不思进取的小群体和所谓的朋友，就请忘掉那个让你失魂落魄的旧人，就请尽快地做完那些令你浑身难受的糟心事，做一个真正爱自己的人。

我所理解的“爱自己”，就是在绝大多数情况下，你都站在自己这边。

就是你知道自己身上有哪些是无力改变的弱势，知道自己手上拥有什么是可以卖得上价的优势；就是明白自己的时间有限，明白自己也很珍贵，所以不会为别人而活，不会被教条所限，不会活在别人的观念里。

所以，你不用靠虚张声势来给自己壮胆，不需要谁的夸奖来证明自己真的很棒，而是内心坦荡而且确定：“对，我就是这样，喜欢我的请继续，讨厌我的别放弃！”

我所理解的“爱自己”，就是你允许自己犯错，允许很多事情不在自己的掌控之中，允许自己不是无所不能，允许自己不能让所有人都满意。

当你开始意识到任何事情都不会十全十美时，你其实已经踏出了爱自己的第一步；当你慢慢发现“被人讨厌”也没什么关系时，你其实已经尝到了自由的滋味。

我所理解的“爱自己”，就是不因旁人浑浑噩噩就任由自己自暴自弃，不因别人误解了自己就马上歇斯底里，不因被人轻视了就放任自流。

就是内心和外表不冲突，就是自己的选择大部分都是基于“喜不喜欢”和“愿不愿意”。就好比说，你主动去约一个人，是因为你想见他，而不是因为他很好约；你朝着一个目标努力奋斗，是因为你甘愿如此，而不是因为它很容易完成。

我所理解的“爱自己”，就是慢慢地理解世界，也慢慢地更新自己。

就是哪怕拿到的是一副烂牌，也会耐心地、认真地打出去，而不是愤愤不平地、不情不愿地敷衍了事；就是哪怕身在人生的低谷也不失望，哪怕是身处在糟糕的环境中也不允许自己堕落；就是哪怕周围充斥着喧嚣、丑陋、恶俗，你也依然笃定、善良、清白。

如果有趣太难，那就争取有用；如果快乐太难，那就想哭就哭。

愿你往后诸多笑意都是出自真心，愿你每次焦头烂额都被证明是虚惊一场。

愿你在被生活弄哭之后还能把自己逗笑，愿你在黑夜中独行时还能被自己照亮。

热爱可抵岁月漫长，它是疲惫生活中的英雄梦想

1/

一个登山爱好者的原话是：“我也怕掉下山崖摔死，但在撞得头破血流还选择坚持时，那样的时光往往伴随着焦灼、挣扎和恐惧，也正因为如此，我平淡无奇的生命才透进了光。”

一个电影人的原话是：“最喜欢弓着腰站在摄像机后面的感觉，就像一个单纯的孩子，不在乎名利，一心想着要把这件事情做完、做好。任凭别人骂或者打，只要让我做这件事，我就可以破涕为笑。”

一个电竞游戏玩家的原话是：“孤独求败的时候，听说某个城市有个绝世高手，就想马上请假，然后坐飞机去找那个人，然后请对方大吃一顿，然后和对方大战到天亮。”

一位马拉松爱好者的原话是：“不要问我是怎样坚持跑完这四十

多千米的，你为什么要用‘坚持’这个词，而不是‘热爱’？”

一个插画师的原话是：“不论是被家里人围追堵截，还是被同龄人冷嘲热讽，只要拿起画笔，我就感觉像是在给初恋写情书。”

一个吃货的原话是：“生活不只是眼前的枸杞，还有广西的芒果、江西的橙子，以及新疆的梨。”

生而为人，一定要热爱点儿什么。

2/

巷子口有一家花店，绿墙红瓦，木栅栏门，门上挂着一块黑板，常年写着两行大字：“今生卖花，来世漂亮。”

花店主人已经八十多岁了，大家都喊她李婆婆。

李婆婆的精神状态和她养的花一样，从来都看不出一点儿疲态。她每天早上四五点就开工了，到晚上八九点才关门。

虽然年纪大了，但李婆婆的心态却很年轻，她始终觉得自己“只是一个身体有点儿故障的年轻人”。

李婆婆讲起话来，可爱得不像个老太太。

她说让她难过的事情有三件：

一是头发没剩多少了，理发师却不给她打折；

二是每顿饭只能吃七分饱，因为要留三分去吃药；

三是不能知道具体哪天会死掉，否则她就可以把存款全都花光。

说完还顿一顿，然后再补一句："最近又多了一件，前阵子去拍了遗照，结果我那浑蛋儿子不让用，非说我笑过头了。"

听的人哈哈笑，然后问她："您都八十多岁了，怎么还像个小孩子？"

她就会很认真地纠正："我才不是八十岁，我是第四次二十岁！"

除了打理花店，李婆婆最大的爱好就是拉小提琴，不管酷暑还是严冬，她每天都会在花店门前的梧桐树下认真地拉上几首。

有路过的人给她拍照，她就会停下来，并调皮地提醒对方："如果你要发到网上，请不要修掉我的鱼尾纹。"

我一直以为，这个可爱的老太太是个养尊处优的幸运儿，她养花不过就是老来无事才做的消遣，而拉琴不过是儿时常做的家庭作业而已。

直到有一天，我听说了她的过往，就惭愧得想找来针线把自己的嘴巴缝上。

实际上，她的出身很苦。十几岁时被父母强逼着嫁给一个爱酗酒的男人，三十几岁时被婆家赶出家门，不得已，她只能靠卖花养活自己。

这些年来，不论是陪伴多年的猫咪惨遭车祸，还是苦心经营的花店被流氓打砸……她都体面地挺了过来。

每逢情绪濒临崩溃的时候，她就去花圃里忙一个下午，或者认真地拉几个小时的琴。

她说："人生确实有很多无药可救的痛苦，但好在生活也贴心地准备了很多种止疼片。养花和拉琴就是我的止疼片。"

是的，对这个世界绝望是轻而易举的，对这个世界挚爱是举步维艰的。但总有那么极少数人具备这样的超能力，能在这个浑蛋的人间找到一个绝妙的容身之所。在这里，没有谁能够否定他，没有什么事情能够打击他。

喜欢的事情可能赚不了几个钱，治不了什么病，也赶不走坏人和霉运，但只有自己知道，它曾在无数个摇摇欲坠的人生节点上默默地拯救过自己。

喜欢的事情不能让你避免苦难，也无法助你脱离平庸，更无法将你的人生变成坦途，但它的魔力是：当苦难发生时，它会让你相信自己还有还手之力；当迷惘出现时，它能把你灰突突的生活点亮。

那么你呢？

你一日三餐不是泡面就是外卖，然后不解地问：“八块钱就可以买一块草莓蛋糕，我为什么要买烤箱，买草莓，买面粉，买奶油，买一大堆制作蛋糕的东西，为什么要那么麻烦？”

你出门就换乘交通工具，然后不理解那些慢跑的人：“一两个小时的车程，为什么要把它变成一整天的路程？”

你登山就坐缆车，然后嘲笑那些拼命登顶的人：“比你们晚出发，却能比你们早到。”

总的来说就是，平时这也不爱弄，那也嫌麻烦，等到要面试、要相亲了，你就大言不惭地说自己“兴趣广泛”。

等到回忆自己的前半生，发现没有值得一提的回忆，你就一声长叹道：“人间不好玩，活着没意思。”

其实，不是人间不好玩，是你不好玩；不是生活没意思，是打不起精神的你没意思。

一个人老了的标志，不是脸上长满皱纹，不是满头白头，不是步履蹒跚，而是你不热爱生活了，敷衍了事地过每一天，邋里邋遢地对待每一个人；是你认定自己什么都做不了了，不敢再对未来抱有一丝一毫的希望，不敢再对生活提半点儿要求。

3/

好玩的人其实很多，比如玲子小姐。

几个人一起去买饮料，轮到她的时候，老板说卖完了，她居然兴奋地喊：“我最近肯定是要走大运了！这么低概率的事情都能被我碰到！哈哈，你们快点儿讨好我吧！”

出门旅行，她在机场等了三个小时才被告知航班因天气原因取消了，别的乘客都火冒三丈的，她却轻轻地拍着胸脯说：“是好事，是好事，说不定原本我会遇到什么不好的事情，因为航班取消了，不好的事情也就被躲过去了。”

早上打车去上班，出租车却坏在半路上了，她竟然兴奋地说：“终于可以尝试一下骑共享单车到公司是什么感觉了。”

有人问她：“你就没有什么抓狂的事？”

她说：“怎么可能没有？我原本每天大概也要说上一百遍‘我太难了’，但我转念一想，其实生活对我还算不错，喜欢的东西能买得起，想吃的东西能安排得上，想见的人也约得着，遇到的大多数问题都搞得定，我怎么还好意思再跟生活抱怨什么？”

她每天都会发非常文艺的朋友圈，或是天空，或是云朵，或是食物，或是诗歌，或是地上的树叶、积水、蜗牛，又或者是临街的车流、电线和阿猫阿狗。

有人问她："你就不怕喷子说你是装文艺吗？"

她乐呵呵地说："好玩的、好吃的、好看的东西那么多，我哪顾得上别人说了什么？"

有钱又有闲的时候，她就会出趟远门。自己做规划，自己安排行程。到了目的地，她就向当地人打听他们爱去的地方、爱吃的东西。

她可以在一个陌生城市的小咖啡馆里待上一个下午，也可以在无名的沙滩上闲逛一整天。她绝不允许自己有"来都来了"的心态，即便是到了某个热门景点门口，如果她发现这里不合自己的胃口，也会掉头离开。

在她看来，再有人气的地方，如果打动不了自己，那它就跟自己没关系。

没钱或者没闲的时候，她也不消停。周边哪里有山有水，她就花一两个小时开车去转转。如果觉得没什么意思，她可以车都不停地返回来。

她的台历上写满了待办事项，比如几月有流星雨，几月有演唱会，几月有电影大片。

她的脑子里还有许多的"突发"事件，比如临时想吃什么，三更半夜也要出去吃上一口；比如突然想见什么人，翻山越岭也要去见上一面。

世界在她的眼里就像一场盛宴，所以不管她今天遇到什么，经历了什么，她都觉得自己赚了。

这个世界没有世外，也没有桃源，当一个人对生活怀有足额的热爱时，他实际上就找到了通往快乐星球的秘密通道。

那么你呢？

你这辈子认真地爱过谁？之所以结婚，是不是怕死的时候没有人陪？

你这辈子为了什么而拼命过？做什么是不是都要再三权衡值不值得？

你这辈子反抗过什么？是不是活得就像一枚散黄的蛋？

时间飞速地流逝，你是不是几乎想不起任何能让自己激动的人和事了？

除了快递员、送餐员和体检报告，其他的人和事，你是不是连眼皮都懒得抬一下？

我只是替你担心，怕你的生活中堆满了“可以做但又觉得没什么意思的事”和“做不到却又不得不做的事”，唯独没有你真正喜欢的事。

我只是替你担心，怕你费尽心思地想把生活过得风生水起，而生活也在费尽心机地想把你整得跪地不起。

4 /

想起一个男生给我写的一封长信，大意是说，他也想热爱生活，但是做不到。

他羡慕别人英语口语说得好，知道别人是每天早上六点起床大声朗读，于是他也六点起床了，但坚持了不到一个星期；

他羡慕别人有六块腹肌，看起来超酷，知道别人每天都坚持跑八公里，外加三组俯卧撑，以及各种力量训练，于是他也试了，但第二天就受不了了；

他羡慕别人拍出了好看的照片，知道别人经常通宵在荒郊野岭拍星空，于是他也去了荒郊野岭，但熬到凌晨三点就睡着了……

他说他也想热爱生活，但是热爱不起来，他连发了十几个“我该怎么办啊”。

我反问道：“你是爱这些事情呢，还是爱它们带来的好处？如果这些事不能为你扩展人脉，不能给你好形象，不能让你看上去与众不同，你还会爱它们吗？”

真正的热爱，是不给钱，你也愿意去做的事；是不用动员，你也停不下来的事；是不觉得痛苦，也不会觉得枯燥的事；是不想拖延，也绝不放弃的事；是不管投入多少时间精力，你都不觉得是在熬的事。

任何一件事情，只要心甘情愿就会变得简单。

我所理解的“热爱”，就是想方设法地寻找生活藏起来的糖果。

比如去吃最喜欢的火锅，看偶像的演唱会，去滑雪、拍照，去买可爱的衣服和鞋子。又或者是，去阳台上感受阳光的温度，去给窗台上的盆栽浇浇水，去追一集刚刚更新的剧，去找一个老友闲聊半天……

你必须在庸常的生活中保持讨好自己的能力，你必须去培养一些私人的爱好，你必须学会积攒一些微小的快乐，如此一来，你就不会被遥不可及的梦想和无法掌控的生活给打趴下。

我所理解的“热爱”，就是欣赏自己，就是做一个对自己有用的人。

你可以化妆，也可以素颜。化妆的动力不是因为对长相不满，而是因为喜欢那个神采奕奕的自己；素颜也不是因为懒，而是对自己真实的样子很满意。

你可以用大牌，也可以穿着随便。用大牌不是为了掩饰自己的窘迫，而是发自内心地觉得喜欢；随便穿也不是因为穷，而是因为那样很舒服。

如果烦人的老板对你发火了，你就出门去吃顿好的；如果喜欢的鞋子被抢光了，你就去隔壁的玩具店挑一个可爱的摆件；如果中意的人离开了，你就好好锻炼、努力赚钱。

你知道无数种方法哄自己开心，也知道有无数条路可以通向明天。

我所理解的“热爱”，就是竭尽全力之后，允许自己颗粒无收。

哪怕别人阻挠、制止，你也都坚持下来了。不管最终有没有收获，你都觉得“非常满足”。因为那是你喜欢做的事情，因为那里有你想要的结果，所以你愿意冒着失败、冒着吃力不讨好、冒着好心当作驴肝肺的风险去为它努力。

这里的“它”，可能是一个人，可能是一本书，可能是一条鱼、一块石头，这个“它”是你偶尔逃离现实的梯子，是你的灵魂躲避冲击的避难所，是你可以卸下防备和伪装的人生后花园。

因为“它”的存在，你能接受这个世界不是十全十美的。

注定不能万事如意的人生，我就不祝你一帆风顺了，我祝你乘风破浪！

5 /

哦，对了。如果你实在不知道该做点儿什么，那就用心地记录生活吧——大到听说了什么国家大事、热点新闻，小到今天穿了什么颜色的袜子，遇见了什么品种的狗。

因为仅凭你这个“过目就忘”的脑袋，你会发现过去的一年什么都没有发生，就好像自己是从一场昏睡中醒来。

而记录的好处就在于，它会让你的生命具体起来，你就会觉得，自己过的不是一年，而是过了充满细枝末节的 365 个“一天”。

注定不能万事如意的人生，

我就不祝你一帆风顺了，

我祝你乘风破浪！

你要快乐，不必正常

1/

前阵子，木姑娘要准备一个资格证考试，看书刷题熬到半夜是常有的事儿。

然而她家楼下有几个熊孩子，晚上十一二点了还喜欢大喊大叫，更过分的是，见她家的灯是亮的，就朝她的窗户扔石头。

木姑娘先是开窗警告了两句，这帮熊孩子非但没有安静下来，反倒是肆无忌惮地对她飙起了脏话，并且石头也扔得更起劲了。

于是，木姑娘直接将一盆凉水泼了下去……

世界仅仅安静了三分钟，随后出现了几个大人，指着她继续骂骂咧咧。

于是，她泼了第二盆。

这么做的后果主要有三个：

1. 她被老爸老妈连吼带骂地架着去给人赔礼道歉了；

2. 那帮熊孩子再也不敢在晚上随便造次了；

3. 左邻右舍都给她发来了表达感谢的短信，感激她“除暴安良”的“壮举”。

她跟我讲的时候，还特意问我：“怎么样，我棒不棒？”

我回复道：“扇贝听了都想给你鼓掌。”

然后我又追问了一句：“怎么这么大的脾气？”

她咯咯地笑：“乖了太长时间，想做几天王八蛋。”

但实际上，她才不是“做几天王八蛋”，而是“一直都挺王八蛋”的。

有个非常招人烦的部门领导点名批评她，让她上班时间不许谈恋爱，结果她当众回应：“你不允许我在办公室里谈恋爱，那我出了办公室，你是不是就不跟我谈工作了？”

有个总喜欢到处指点人生的老太太当着她妈妈的面劝她早点儿结婚，结果她回怼道：“如果到了结婚的年龄就该结婚，那是不是活到平均寿命就该去死？”

有个态度非常不好的女生要求换个座位，理由是“想和男朋友坐在一块儿”。结果她回应道：“不好意思，我也想和你的男朋友坐在一块儿。”

有个远房亲戚听说她连毛衣都不会织，就对她说：“连这个都不会，还大学生呢？”她回怼道：“你那么厉害，怎么就没考上大学呢？”

有个口碑不太好、总喜欢跟女生玩暧昧的男生对她说：“女孩子那么拼命干什么？”她一脸平静地回应道：“为了能离像你这样的人远一点儿。”

有个爱讲大道理的大叔对她说：“你就听我的吧，我吃过的盐比你吃过的饭都多。”她呛声道：“我一顿饭能吃两碗米，你吃两碗盐给我看看？”

有个不会讲话的大婶对她说：“半年不见，你又胖了。”她点点头说：“彼此彼此，半年不见，你又老了。”

自由的成分当中，一定包含了“你看不惯我，那你讨厌我好了”这种痞子气。

那么你呢？

你从一开始就认定了“别人的喜欢比自己的喜欢更重要”。所以你不断地放低姿态，努力地让别人能够喜欢自己，至少不讨厌自己。

你越来越低调，也越来越好欺负；你会因为别人的一句责怪而惶恐好久，也会因为别人的一句赞美而原谅他之前的“造次”。

你担心自己是个异类，担心自己会出糗，担心自己的言行举止是个笑话。

于是，你的脑子里经常出现的问题是：“我 30 岁不结婚，别人会觉得我是怪胎吧”“我长得这么丑，他们一定很嫌弃我”“如果不参加这个聚会，他们会烦我吧”……

你开会之前早就做了充足的准备，结果旁人一句模棱两可的评语，一个闪躲的眼神，你就慌了；

你花钱买了一件自己超喜欢的衣服，如果某人的点评不是太好，那你就永远不会把它穿出门去。

别人说“年纪大了别折腾”，你就向生活妥协了，将曾经的梦想束之高阁；别人说“我这都是为你好”，你就向人情妥协了，心里的想法也不敢再提。

我猜你可能误会了什么，嘴虽然长在别人身上，但路在你自己脚下。

人生很长，江湖很大，剧情很杂，只要自己能不负此生，能活得尽兴，这就够了，你从来都不欠谁一个解释。

最好的态度是，面对风凉话时，不理；面对恭维时，不信；面对不理解时，不急；面对嘲讽时，不气。

然后，去做自己想做的事情，最好是甘之如饴的那种；去见自己想见的人，最好是相处不累的那种；去远离那些总是给自己添堵的人，最好是老死不相往来的那种。

来，勇敢地对某些人说：“管好你自己吧，不要想方设法地磨平我的棱角了，毕竟，你没有营业执照。”

2 /

苏珊是我认识的人里面笑点最低的，常常是听的人还没开始笑，她自己就笑出了猪叫声。

她爱笑，也爱说笑。

有人问她最喜欢什么颜色，答曰：“酸辣粉。”

有人问她是哪里人，答曰：“单身狗自然保护区。”

她的心态出奇地好。

知道自己长相平平，还有一些胖，所以她一直宣称：“美丑有命，胖瘦在天。”时不时还会自嘲一番：“大概是女娲娘娘用泥土造我的时候，土用多了。”

假如某段时间过得不顺利，她就会频繁地逛超市。用她的原话说就是：“逛超市是最容易快乐的，因为到处都是好消息，上午是酸奶大促，中午是榴梿打折，晚上是樱桃特价……”

就算是遇见了让人恼火的事情，她的对策也很奏效——马上去做一件“相反的事”。

比如被小偷偷了钱包，她就会去捐一笔款；

有人想要插队，她就客气地让下一个想插队的人也插进来；

有人心情不好冲她发火了，她就会对另一个人更友善一些；

上司对她的工作不满意，她就尽量给下属的工作打个高分……

她活得很通透。

有亲戚曾催她：“你看那个谁，孤独终老多可怜？你不能再这么任性了，再拖下去，你也剩下来了！”

结果她笑嘻嘻地回应：“嘿嘿，珠宝店到了下班时间就会关门，不会急着打折，因为珠宝不会坏掉。但水果摊到了晚上就马上低价促销，因为放到明天就会烂掉。那个谁显然就是珠宝啊，她哪里可怜了？”

她活得也很潇洒。

她曾不顾老板的挽留，放弃了待遇优渥的工作，而原因仅仅是因为想去山城里体验一把“晨兴理荒秽，带月荷锄归”的归隐生活。

也曾亲自了结了一段长达八年的爱情长跑，理由是因为“等他长大等累了”。

还曾在“怕水”“不会游泳”“恐惧深海”的情况下，艰难地拿到了潜水证。

原来，快乐的人都在构建自己的内在世界，而不快乐的人只会责怪他们的外在世界。

我知道，你觉得自己活得身不由己。在童年的时候，限制你自由的是那句“你还是个孩子”；长大之后，限制你自由的变成了那句“你已经是个大人了”。

我知道，你没有很乐观，只是因为有太多人希望你快乐，所以在他们面前，你只能装作很开心的样子。

我知道，你的身体里有两种力量在互殴：一个想着“让我自己待会儿”，一个想着“要合群啊”；又或者是，一个耷拉着脑袋想要远离是非，一个握紧拳头说“不要变成异类”。

结果是，你越活越符合别人的期待，也越活越不快乐。

不爱自己的方式有很多种，其中最常见的是，完全遵照别人的看法去生活；爱自己的方式也有很多种，其中最管用的是，以自己喜欢的方式过一生。

一开始，你站在人群之外，看着别人委曲求全，你心里还替他抱不平：“人怎么能活成这样，也太窝囊了吧。”但后来，你也钻进了人群之中，也变成了“太窝囊了吧”的那种人。

你总是提醒自己有哪些事情是自己“该做的”和“能做的”，却很少去想哪些事情是自己“想做的”和“可以试一把的”。

你的心态越来越糟糕，从风华正茂时觉得“自己早晚会遇见一个满眼是我的人”，慢慢变成了“像我这样的人，难怪没有人喜欢”。

你的一段感情都是要求自己懂事和体面，在一次次受伤和被辜负之后，又近乎变态地逼着自己落落大方地放手。

你的自信一点点消磨殆尽，取而代之的是对自我的怀疑；你的快乐少得可怜，对未来的恐惧源源不绝。

我的建议是：

你不必把脸或者腿 PS 得那么瘦，先对着镜头真诚地笑一笑；

你不必每场婚礼都赶到现场，先把你的泡面换成健康的正餐；

你不必每个人借钱都竭尽全力，先把自己想报的兴趣班报上。

做你喜欢的事，做你觉得对的事，做你觉得值得的事，就算这些事情在别人看来是“傻”，就算你当时看起来是“坏”，就算你被人说成是“神经病”，但只有你知道，这些事正是你自信的基石和快乐的源泉，足以对抗生活的“不爽”，成为你的“暗爽”。

我所理解的“自信”，不仅是随时随地都觉得“我还行”和“我能行”，还包括竭尽全力之后坦然地承认“我不行”，以及面对讨厌的人能够大大方方地说“我不想行”。

我所理解的“快乐”，就是心脏里像是灌满了可乐，被什么东西碰了一下，然后晃了一晃；就是走在路上，会觉得这个世界没有一丝一毫的恶意；就是别人见到你，觉得你肯定有什么喜事儿。

人活在世上，在不侵犯别人利益的前提下，首先应该考虑“我想做什么”和“我想要什么”，然后再考虑这件事对他人的影响，最终决定要不要做出妥协，以及妥协多少。

凡事都从自己的感受出发，你的生活就会很带劲儿。

一辈子很长，如果不快乐，那就更长了。

3 /

说到“快乐”，就不得不提鬼才画家黄永玉。

他 12 岁就外出谋生，32 岁享誉国内外，50 岁拿到驾照，70 岁去欧洲游学写生，80 岁登上了时尚杂志的封面，93 岁开着红色法拉利去飙车……

他喜欢养狗，家里有好几条，每次狗狗出去和别的狗打架，他就会去帮忙，他自己也承认自己“护短”。

被批斗的时候，他没少挨揍，但始终不喊疼。回到家了，就笑嘻嘻地告诉太太：“今天挨了 224 下。”后来下放到农村，沉闷的劳动之余，他就去逮蛐蛐，挖个坑看蛐蛐打架。

80 多岁时荣登时尚杂志的封面，拍完回家还跟太太炫耀："怎么样，是个靓仔吧，哇，我也太好看了吧。"

年过九旬还喜欢红色衣服，他的生死观也很"调皮"："我想在死前就开追悼会，找个躺椅躺在中间，趁自己没死，听听大家怎么夸我。"

他的一生诠释了一句话：人不能靠心情活着，而是靠心态活着。

就像他宣扬的那样："明确地爱，直接地厌恶，真诚地喜欢，坦荡地站在太阳下，大声无愧地称赞自己。"

一辈子很长，每天就像一个盲盒，你不知道自己会抽中什么，但是你必须要接受这个游戏规则。然后，不管抽中的是自己期待的，还是不喜欢的，都把它当作礼物一样欣然接受。

如此一来，你就能本色出演生活这部连续剧，而不必猜测"别人喜欢什么"，也不必操心"我该怎样才能让别人喜欢"。

搞好自己的生活吧，不要老是忙着告诉别人你在干吗。

如果你为了讨喜而给自己套上一个固定的人设，为了让别人满意而任由别人给自己贴上标签，为了显得正常而丢掉快乐，那后果就是你会越活越虚伪，越活越疲倦。

当你被定义为"脾气好"的时候，那么你偶尔想发火就会备感压力；

当你被评价为“幽默”的时候，那么不小心表现出悲伤就会变成一种罪过；

当你背上了“可爱”的名声时，那么你一本正经起来就像是装模作样。

所以，希望你活得洒脱一点儿，希望你可以不用过多地受困于他人的意见，希望你能够心无旁骛地把热情和定力用在能让自己开心的事情上。

毕竟，你活着不是为了证明哪种活法是对的，而是要在有限的生命里，尽可能地快乐一些。这是你的一生，要活成什么样子都由你自己说了算。

毕竟，遵从自己的意愿活得头破血流，也好过虚张声势地变成行尸走肉。

要永远记着，外界的声音只是参考，你不开心，就不参考。

一辈子很长，

如果不快乐，那就更长了。

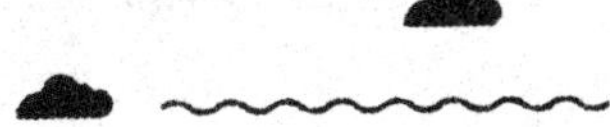

人生何必如初见，但求相看两不厌

1/

和娟子一起吃饭，聊着聊着就聊到了兰西。娟子的脸色瞬间就变了，就像是刚刚提出离职，就听到老板提涨薪。

她说她们已经很久没联系了。大年三十的晚上，娟子曾敲了三四百字的新年祝福发给兰西。结果直到大年初六，兰西才给娟子回微信，点开一看，居然是一条砍价的链接。

听得出来，娟子很失望，但更多的是遗憾。因为她们在大学的时候几乎是形影不离的好朋友。

如果有人在图书馆只看见了兰西，就一定会问一句："娟子呢？"

如果兰西的父母联系不上她，就会自然而然地给娟子打电话。

娟子有了喜欢的人，兰西就帮娟子策划“偶遇”，并且“刺探军情”，甚至就连男生初中的女同桌长什么样子都一清二楚。

兰西失恋的时候，娟子比兰西还要生气，甚至跑去质问那个男生：“你凭什么说好聚好散啊，她动心一次容易吗？”

她们忙时一起自习、背书、备考，闲时一起散步、八卦、追剧。她们随时随地都能聊得很嗨，可以肆无忌惮地开玩笑或者流眼泪，她们是彼此的底气，就像家人一样，是不可动摇的存在。

娟子讲了一件好玩的事情，讲的时候眼睛在冒光。她说她们一起看宫斗剧，娟子问兰西：“你觉得，以我的智商，究竟能在皇宫里活几集？”

结果兰西回答道：“就你这身材和丑脸，还想进宫啊？”

讲完了娟子自己先“咯咯”地笑出声来，但笑完之后，她眼睛里的光和脸上的笑容就一起消退了。

我问她：“后来发生了什么？”

娟子怔了一下，然后很认真地说：“其实我也不是很确定。”

她说她们最后一次联系是去年七月的事情了。兰西在微信里问娟子：“老同学，你还在北京吗？”

娟子欣喜若狂，以为对方又想起自己了，于是她编辑了一大段话，说自己有多想她。

结果兰西发来的第二句话却是：“我需要找个人帮我往学校里送

一份资料。”

娟子的心一下子就凉透了，她删了所有的文字，然后冷冷地回了一句：“我没在北京。”

然后就再也没有然后了。

越长大就越明白，保持联系是一件难度为五颗星的事情。

你是不是也有过这样的旧日挚友？曾经如胶似漆，后来却无从谈起。

或许是，因为某件事，你一丝不苟，他不够意思。

或许是，你看见对方的朋友圈里晒出了新面孔，而他们看起来比你们在一起时更快乐。

或许是，你解释一大堆他又看不见，你说了一大堆他又帮不上忙。与其拿几年前的美好时光来映衬当前的沮丧，不如和身边的某某推杯换盏，一醉方休。

又或许是，你在路上看见了熟悉的身影或者在某个瞬间想到他了，以前会直接打电话聊到手机自动关机，现在只能点开他的朋友圈了解他的近况，甚至有可能看到的只有一条横线。

有几次是，你想开口解释的时候，却发现对方并不是很想听；还有几次是，他满怀热情找到你了，却发现你心不在焉。

有几次是，你向他袒露心声，而他的回应显得有些敷衍了事；

还有几次是，他向你倾诉衷肠，而你却表现得无暇顾及。

然后你觉得“老子受够了”，而他觉得“真是没意思”，于是你们各怀心事，各退一步，直至退出了对方的人生。

这段关系是你们合伙搞砸的，谁都难辞其咎！

其实，每个人的脑子里都有雷达，我在不在你的世界里，大家都心知肚明。

2 /

看过一组特别好玩的漫画。

A 蛋和 B 蛋是好朋友，他们一起沐浴阳光，一起畅想未来，他们无话不说，并且相信永远。

三个月后的一天，他们破壳而出，A 蛋是只小鳄鱼，B 蛋是只小花雀。他们依然相信永远。

只是在晚饭吃什么的问题上，小鳄鱼拒绝了小花雀送来的大肉虫子。

在玩耍该玩什么的问题上，小花雀拒绝了小鳄鱼提出的游泳邀请。

他们越来越没有共同语言了，所以他们不得不就此告别。

小花雀祝小鳄鱼“永远乘风破浪”，小鳄鱼祝小花雀“永远晴空万里”。

友情最让人唏嘘的是：每个人都是一条河流，每条河都有它自己的方向。

你们曾是对方的特别关注，曾是彼此置顶的生活中心，曾在各自的未来里为对方预留了重要的席位，但你们还是渐行渐远了，甚至都没有告别，没有翻脸，没有交恶，就是不知不觉地、毫无征兆地疏远了。

原来，一段关系的破裂其实不是因为谁做错了什么，可能只是因为彼此已经不需要对方了。

原来，断绝往来是不需要仪式感的，不会有长亭古道做背景，也没有“劝君更尽一杯酒”之类的旁白，可能就是在一个稀松平常的早上，你一睁开眼睛，某个人就永远地留在了昨天。

这时候，你才后知后觉地发现：和某个人的“上次见面”，很有可能是这一生的最后一面。

友情是阶段性的，到了分岔口，再不舍得，也要挥手告别。

然后，你要在同路人中寻找新朋友，而不是硬拽着旧朋友一起上路。

犯不着千辛万苦地守“旧”，也不介意隔三岔五就换新，衣服或者朋友，都是如此。

过年过节的时候互相发一句“恭喜发财”，总好过两个人口不对心地尬聊“友谊万岁”。

3/

复旦大学的熊易寒教授讲过一个故事，大意是，他和他的同桌兄弟在同一年离开了农村，他进入了大学，而同桌兄弟去了南方的工厂里打工。

一开始，他们的联系很频繁。他向同桌讲述学校里发生的好玩事情，而同桌向他倾诉工厂里的辛酸日子。

但是，仅仅维系了一年时间，他们的联系就变得越来越少，直至完全失去联系。

十年后的一天，他们在老家的街头偶遇了。此时的他已经成了大学教授，而同桌兄弟则是拖家带口地在南方某市打工。

他们激动地寒暄着，但多数都是熊教授在提问，问对方的近况和过往，而同桌兄弟最关心的是教授一个月能赚多少钱。

临分开的时候，同桌兄弟给熊教授留了一个手机号，但熊教授后来才发现那是个空号。至此，一段兄弟情谊结束了。

熊教授无比唏嘘地说：“命运让我们看起来如此不同，而我知道，我们曾经多么相似。”

残酷的现实就是这样，朋友不一定会止于距离，但一定会止于差距。

他有锦绣前程，你无一臂之力。

你的苦闷，他觉得是无病呻吟；他的彷徨，你觉得是变相炫耀。

你觉得做个贤妻良母才是人生的第一要义，而他觉得在职场上混出名堂才是人生的追求。

你考虑的只是要不要再考个证，然后每年可以多赚几千块钱，而他考虑的是回国在清华读个金融研究生，还是去剑桥学习如何做投资。

那你们还怎么交换见识？还怎么交流感情？还怎么再续情谊？

你们注定了会各赴各的前程，然后越来越难找到共同的话题，你们只能靠叙旧来维系情谊，直到过去的点点滴滴被反复咀嚼，像是嚼了半天的口香糖一样寡淡无味了，最终聊不下去了。

但你们会碍于情面，又或者是担心被指责“瞧不起人”，所以你们只能在朋友圈里互相点赞，以此避免被对方彻底遗忘。

所以，你真的不必揪心于怎么留住旧日朋友，倒不如认真地想一想：怎么缩小和他的差距。

怕就怕，你在某日拿到了他的新手机号，可你已经不是你了，他也不是他了。

拜伦曾写道：“事隔经年再见你，我将以何来贺你？以眼泪，还是以沉默？”

那么朋友呢？步步高升的他事隔经年再见到原地踏步的你，他该如何向他的同伴介绍你？是尬笑，还是无视？

其实，渐行渐远的不是你们生活的距离，而是你们的见识和实力。

4 /

在一个访谈节目中，A 问 B：“你觉得和朋友距离最遥远是什么时候？”

B 答：“当我看到她穿的是我没见过的衣服，陪她玩的是我不认识的人，在没有我的地方拍照，做着我不知道的事情。”

A 摇摇头说：“最遥远的距离是，她周围的人我都认识，但是我却不知道她们在一起做了什么。”

友情最让人尴尬的是，每一次你都高估了自己在对方心目中的位置。

某一天，你梦见他了，早上起来就兴冲冲地告诉他，结果他不咸不淡地回了一句：“哦，是吗？”你肯定就再也不想聊下去了。

某一次，你找了无数的话题，问了无数的问题，但最终都败给了没完没了的“哦”和“嗯”，你肯定就不想再了解更多了。

一开始，你把对方当成值得深交的人，后来因为一些事，你对他有些微的失望，于是，你不断说服自己：“人与人之间本就如此。”

然后，你把他放回到普通朋友的位置，与他维持着表面的和平，你为此期待、失望又归于平静，这一系列的心理变化，他却全然不知。

原来付出真的会有回报，比如一倍的奢望总能换来两倍的失望。

人们总盼着“一见如故，再见如初”，但更常见的却是“一见如故，再见如仇”。

你们笑着说下次再见，但谁都没说时间地点；你们推杯换盏，却没有推心置腹；你们通讯录上的朋友都很多，但其实谁都没有深交过。

室友也好，同事也罢，你们熟归熟，但不一定算是朋友。

朋友会关心你最近身体为什么这么差，而同事只会关心你最近为什么总请假。

朋友会在你说了一堆废话之后，接着问你没说出口的部分，而室友会在你说了一堆话之后，停顿一会儿再反问你：“啊，你刚刚说了什么？”

我只是替你担心，怕某年某月某日，你只想和他叙叙旧，而他却问你需不需要代购。

怕那些扫一下就进入你朋友圈的人，等到某天你点开他的对话框时，竟不知道是该说“你好”，还是该问“你是谁”。

5 /

继续交往需要两个人都觉得“我需要你”，但决裂只需要有一个人觉得“算了吧”。

结成亲密的关系需要无数次的“我觉得你这个人真好呀”，但散伙只需要某一次的“你这人到底怎么回事啊”。

关于友情，其实最好的心态是：无目的，不攀附，没比较，不审判。

那么你呢？

朋友发来的微信，你回复得越来越晚了；事前约好的聚会，你反悔得越来越频繁了；对待朋友的要求，你是越提越离谱了。而谁要是想见你一面，比摇号买车还难。

那结果自然是，你有时间约他的时候，却发现他没空了；你准备好份子钱的时候，却发现他唯独没有给你发请帖。

渐渐地，你越活越酷，朋友丢了一路。

你记不住他帮你带过几次饭，但你记住了他有一次不想带饭。

你记不住他迁就了你多少回，但你记住了他有一回不肯妥协。

你不清楚他为了陪你逛街拒绝了多少人、耽误了多少事，但你记住了他有一次拒绝陪你逛街。

人性就是这样，总是记不住别人为自己做了什么，但总能记得别人没有为自己做什么。就像人们很少去谴责尚未伤害到自己的恶魔，但常常指责偶尔让他们失望的天使。

你每次都强调自己为他花了多少心思，却忘了他对你常常是不遗余力。

你每次都说自己对谁都不示弱，唯独对他是一让再让，却忽略了他对谁都没有耐心，唯独对你是一忍再忍。

你每次都在可怜自己对他的慷慨，说自己每次迟到都会绞尽脑汁地想借口，怕对方误会自己，却从来没有意识到，他为了你从来都没有迟到过。

人性就是这样，总能牢记自己付出了什么，却常常忽略自己得到了什么。所以人们总喜欢扮演法官，判别人肯定有错，判自己心安理得。

你不习惯沟通，也不善于表达，而是更喜欢揣测。今天肯定，明天否定，此时想着“他可能有他的难处”，彼时则会很愤怒，“哼，忘恩负义的家伙”。

反反复复之后，你变得敏感而又不堪一击，变得偏执而又铁石心肠。任何旁人的指手画脚都像是一场灾难，任何临时的变化都像是一场浩劫。

而时间的残酷性就体现在：你想晚一点儿再说再见，结果第二天就天各一方了；你想找个机会说感谢，结果好几年就过去了；最后等你反应过来的时候，恐怕他们就不在了。

真正的朋友，就是在翻照片的时候找到一张你的丑照，然后就像发现了新大陆一样，兴高采烈地发给你，还打死不删。

就是双方早已意识到了对方身上有自己讨厌的地方，也慢慢意识到彼此之间是存在矛盾的，但同时都很清楚，这些讨厌和矛盾并不要紧。

就是不去追求什么灵魂的高度契合，而是能够自在地相处，不必小心翼翼，不必四处提防，聊天时有讲不完的话，同时也能默契地享受片刻的沉默。你不会因为他没有回复而胡乱猜忌，他也不必因为没有及时回复而感到抱歉。

就是每次见面都有一种回到主场的感觉，不管旁人如何在你面前说他的坏话，都不会改变他在你心中的形象或者位置；同样，关于你的任何流言和诋毁，在他亲自证实之前，他都会一如既往地站在你这边。

真正的好朋友就是：如果你能欣赏我的奇怪，那么你就和我一样可爱。

6 /

最后，我再提四条你爱听不听的建议：

第一条，任何你不想让敌人知道的事情，都不要告诉你的朋友。不是因为担心朋友会背叛你，而是因为有些敌人会扮成朋友。

第二条，想法可以交换，但不去强加。己所不欲的，不要施给对方；己所欲的，对方同意了，才能施。

第三条，在互道晚安之后，如果看见朋友发了新动态或者还在和别人继续互动，要有不去质问的默契。

第四条，也是最重要的，如果有一天，你们真的闹掰了，绝不能添油加醋地在任何人面前说对方的坏话，就算做不了朋友，你还得做人。

其实，每个人的脑子里都有雷达，

我在不在你的世界里，

大家都心知肚明。

努力是会上瘾的，尤其是尝到甜头以后

1 /

胜男每一个社交软件的签名档用的都是同一句话：“趁年轻，埋头苦干；免他日，仰慕求人。”

作为远近闻名的女学霸，她的试卷给我的印象就像她穿的耐克鞋，每道题都有一个对钩。

我曾问过她：“你学习有什么诀窍吗？”

她说：“如果刷题算诀窍，那么我的诀窍就是没完没了地刷题。”说着就指向立在墙角的大木柜子说：“那个柜子里都是我高三刷完的练习题。”

我托着快要掉到地上的下巴问：“全都是啊？你不累吗？”

她习惯性地推了一下眼镜，然后说：“反正我觉得开足马力的感觉特别好，很踏实，就像在攒钱。真正让我觉得累的反倒是闲下来。高三那年，我最累的三天是，陪妈妈逛街买衣服，和同学去看了《变形金刚》，以及因为感冒而被拽到医院打吊针。”

得承认，没有当过学霸的我听到她的这番言论时非常不服气，于是我“挑刺”式地提问：“难道就没有想放弃、想偷懒的时候吗？”

她说：“当然有，每当我想放弃的时候，就背一次《桃花源记》，‘初极狭，才通人，复行数十步，豁然开朗’。”

见我一脸的问号，她认真地解释道：“就是要想‘豁然开朗’，就得‘复行数十步’。”

直到今天，每当我坚持不下去的时候，我就会想起她指着大木柜子的那个瞬间，以及她背诵《桃花源记》时认真的表情。

其实，考试也好，工作也罢，都是让自己体验全力以赴的感觉，然后弄清楚：自己到底是想要，还是一定要。

这世上，能赢的往往都是想赢的。绝大多数人嘴里的“我做不到”，往往都是因为心里还“不够想要”。

因为没有强烈的愿望，所以很难看到办法。

就像亦舒说的那样：“如果你真的很想做一件事情，那么就算障碍重重，你也会想尽一切办法去办到它。但若你不是真心想要去完成一件事情，那么纵使前方道路平坦，你也会想尽一切理由阻止自己向前。”

那么你呢？

有强烈的赚钱欲望，也非常渴望能够出人头地，能让父母过上好日子，说起来好像非常上进，但一有时间就是逛淘宝，看抖音，追网剧，学习没动力，工作嫌没劲，感情没信心，每天晚上被上进心折磨得死去活来，第二天又和昨天一样迷迷糊糊地混日子，然后日复一日、年复一年地原地踏步。

在大考之前，你不是没有耐心，就是没有恒心，等到要出成绩了就紧盯着星座运势。

当重大任务来临时，既做不到尽心尽责，也做不到力争突破，这个地方马马虎虎，那个地方敷衍了事，等到失败了就大谈“水逆来了”（指运势不佳）。

要我说，你只是找了一个体面的理由，好让自己看起来没那么糟糕，但说得不好听一点儿，你这是在老天爷面前碰瓷儿。

任何你想要的东西，在追求它的过程中，都应该遵循这样的过程：深思熟虑—心意已决—竭尽所能—听天由命。而不是：一时兴起—患得患失—心存侥幸—听天由命。

你撑不起来的生活没有人会帮你撑，你走不下去的路没人会背着你走，你过不去的坎也不会有王子抱着你过。

所以，如果你知道路远，就请你早点儿出发；如果你清楚和别人的差距很大，就请你多投入时间；如果你意识到某个臭毛病很难改，就请你准备充足的耐心和决心。

我想提醒你的是，当生活决定对你做出惩罚的时候，是不会有耐心听你解释的。

不要想着明天再去努力，不要以为还能抓住青春的尾巴再拼一把，你得知道，青春是属壁虎的。

在青春的纪念册里，绝不是只有校服、书包、暗恋、暧昧，也不只有笑脸、闷气、迷茫，还应有浑然忘我的专注、志在必得的坚定、迎难而上的决心，以及大功告成的酣畅。

早就有人说过，“煎”和“熬”都是可以变得美味的方式，“加油”也是！

2 /

每隔一段时间，胡凯就会给我发私信，讲他极为不满的长相、口才和出身，以及非常不满的室友、专业和学校。

他发的每一个字都像是在强调："我压力好大""我好烦"以及"我好想死"。

刚开始的时候，胡凯的头像是"不瘦二十斤不换头像"，后来想考研，就换成了"滚去学习"。

滚倒是滚了，可就是不学习。每天花大把的时间用于跟室友冷战，或者是非常认真地思考如何改变这糟糕的人生，但他很快就给出了结论："命运对我太刻薄了，我无能为力""学校和专业都太垃圾了，我没办法""某某和某某某从骨子里瞧不起我，我还能说什么"……

他还特意讲了一件让他"感到恶心"的事情。说是上学期的计算机考试，他问室友"准备得怎么样"，他们都告诉他，"一点儿都不会"，并且强调，"根本就听不懂老师讲的是什么"。

结果考试成绩出来了，全班35个人，只有他一个人挂科了。

他对我说："那帮人太虚伪了，嘴里说'一点儿都不会'，实际上只是不会一点点，只有我是真的什么都不会。"

我问他："既然你知道自己不会，为什么不去学？"

他说："我家里条件不太好，高中才接触到电脑，关于电脑的很多东西对我来说都是陌生的，学起来太难了。"

我问："既然你知道自己家境不如别人，那不是更应该把注意力放在学习上吗？争取个奖学金不也挺好？”

他说：“努力没有用，奖学金都是内定的，我怎么可能有机会？”

我又问：“那就当是攒本事了，现在好好学，以后出社会也能找个像样的工作。”

他继续反驳道：“我们学校的名声不行，再怎么努力学，毕业了也不会有出息。”

我没有再跟他掰扯，而是发了一条微博：“万物都超爱你，也好恨你不争气。”

人性大概就是这样，越是不肯努力，就越擅长于可怜自己。然后每天勤勤恳恳地思考：如何才能不劳而获？

很多人都习惯性地将自己的不满归结于性格自卑，将当前的窘迫归结于太倒霉，将对现状的没耐心归结于命运的阴险，偏偏就是不肯承认：是因为自己一遇到困难就蹲在地上撒娇，根本就没有做出实质性的改变。

所谓“实质性的改变”，就是把“我计划如何”和“我想要什么”一五一十地变成“我做了什么”和“我做成了什么”。

你只有去做了，你才能确定：自己是“远非如此”，还是“真的不行”？

年纪轻轻的你，最应该提防的不是什么伪君子和小人，也不是某个“芳心纵火犯”，而是由于自己不断权衡利弊、不断自我可怜而导致什么都没有做。

你总得做尝试，总得付诸行动，摆在你面前的困局才有可能找出答案，类似于“灵感”之类的东西都是基于长时间与问题死磕才迸发出来的。

比如说，为了做出练习册上最后的那道大题，你冥思苦想了好久还是没办法，却在吃饭的时候突然有了新思路。

为了一个广告宣传文案，你反复推敲了好几个夜晚还是没有好主意，却在清早刷牙的时候就突然有了绝妙的点子。

这就像是困在山洞里，你得每个地方敲一敲、瞧一瞧，才有可能找到出路，而不是坐在地上哭天抢地，然后盼着奇迹发生。

所谓出路，就是走出去，才看到路；所谓困难，就是困在原地，就会很难。

你明明可以一天背完 200 个单词，明明能够通过英语六级考试，明明可以在新岗位上表现出色，但脑子时不时地蹦出一些消极的念头：“我到底要不要去做？”“我真的能做好吗？”“今天先这样了，那就明天再开始努力吧。”

你的问题不是“没有办法”，而是灵魂上瞻前顾后，肉体上无动于衷。

相对于迎难而上，你更喜欢知难而退。

结果是，别人都选择了势在必行，你却是困得不行；

别人要么是希望闹钟喊自己起床，要么是希望梦想喊自己起床，而你是希望没有人喊你起床。

你经常心血来潮，也经常心灰意懒。

结果是，头一天晚上枕着各式各样的决心入睡，第二天早上醒来继续没心没肺地混日子。

然后一边焦虑地虚度光阴，一边惶恐地说自己无能为力。

你不如别人有天赋，还不如别人卖力。

结果是，这个地方比别人慢半拍，那个地方比别人差一截，最后看着差距越拉越大，你连奋起直追的心都没有了。

一个普通人要想超越他的环境或者出身，进步是不够的，得进化才行；一个平凡人要想在平凡的岗位上做出哪怕一点点傲人的成就，变化是不够的，得变态才行。

比如说，经过一段时间的运动健身，你塑造出了满意的身形；你跟着朋友学习穿着打扮，变得越来越好看；你埋头苦学，通过了越来越多的等级考试；你加班加点，完成了越来越复杂的工作；你虚心学习、勤加练习，将某个软件运用得得心应手；你发挥出色，拿到了满意的工资和奖金……久而久之，你就在不知不觉中脱了胎、换了骨。

反之，嘴巴贪吃导致你越来越胖；脑袋瓜偷懒导致你成绩越来越差；和同事闹僵导致你工作进度越来越缓慢；某个技能学成了“半吊子”，导致你要用的时候就两眼一抹黑……久而久之，你就会认定自己“什么都做不好”。

世间事大抵如此：越努力越容易越从容越自信越美好，越拖延越迷茫越焦虑越自卑越糟糕。

3 /

在决定实行“阿波罗登月计划”之前，很多人提出了质疑，觉得花费那么大的人力、物力、财力去做这样一件“没什么用”同时又“非常困难”的事情，“简直是太愚蠢了”。

当时的美国总统肯尼迪是这样回答的：“一些人理解不了‘登月计划’，就像理解不了为什么要攀登高峰一样。但我想告诉这些人，我们做这件事，不是因为它简单，而是因为它很难。因为这个很难的目标有助于衡量并提升我们当前的技术和能力。”

困难并不代表你没有资格，它仅仅意味着你得加倍努力。

然而每个人身边都有那么一群人，当你用心学习的时候，他们大喊“读书无用”；当你埋头苦干的时候，他们大谈“努力无用”。

对他们来说，学习的目的就是为了考试及格，工作的目的就是为了拿到工资。只要考试能及格，工资能够按时足额发放，那么多做的每一分努力都是在浪费生命。

看你孜孜不倦备战了大半年的六级考试失利了，他们就像自己考了满分一样开心。可他们不知道的是，因为这次考试只差三分，给了你重新再考一次的信心。更重要的是，因为备战，你的词汇量、听力和口语水平都得到了大幅提升。

看你日夜兼程赶出来的策划案被领导批得一文不值，他们就像是自己加薪了一样满足。可他们不知道的是，因为这段时间的付出，你更了解业务流程，更了解行业的真实现状。更重要的是，深入的思考和大量的准备工作让你在后续的工作中得心应手。

换言之，只有努力过的人才知道自己收获了些什么，而那些没努力的人只会认为“努力没什么用”。

就好比说，你习惯了音质一般的耳机，再去听音质很好的耳机，可能会说：“这么贵也不过如此！”但如果你听过音质很好的耳机，再去听音质一般的耳机，可能会说：“这玩意儿也配叫耳机？”

又好比说，你频繁挂科，可能会自我安慰说：“没有挂过科的大学是不完整的。”但如果你从来没有挂过科，你就会明白：奖学金、保研、评优这些机会和资格其实是人人平等的，并且是唾手可得的。

那么你呢？明明只要停止努力就可以很轻松，为什么还要孜孜不倦呢？

那是因为你知道，任何人的安慰都不如你的劳动成果来得奏效，任何人的承诺都不如自己去努力来得心安。

因为你明白，努力能够帮自己省下口水去说服或者证明什么，而是直接用行动和结果去碾压。

因为你知道自己长大了，要承担的责任更多而且更重了；因为你想要过上父辈们不曾拥有也无法想象的生活；更因为父辈们已经替自己吃了太多的苦头，已经帮自己走完了前面的九十九步，而自己只需再走一步，所以不敢迟疑。

因为你知道还有更宽广的世界、更优秀的人和更美好的事物，所以不想浑浑噩噩地烂在社会的最底层；还因为你知道自己手上的筹码不多，要想跟浑蛋的生活拼到底，要想在别人的排挤和质疑中站稳脚跟，就不能停。

因为除了追求眼前的分数、名次、薪水、爱情或声誉之外，你还想确认一下：自己到底能够厉害到哪种程度！

因为自惭形秽，所以更想力争上游；因为自命不凡，所以想要出人头地；因为天生傲骨，所以不愿甘拜下风。

努力是会上瘾的，尤其是尝到甜头以后；不努力也是会上瘾的，尤其是习惯了懒散以后。

4 /

哦，对了。

在这个时代，有很多人仅仅只是在社交软件上表现得很丧、很懒、很不可理喻，他们在实际生活中其实无比热爱生活，无比努力进取，无比自律，无比和善……

这和上学的时候，总是跟你说“我没有看书”“我没有复习”，但成绩却名列前茅的人是一样的。不信你仔细想一想，那些一不留神就升职加薪的人，那些一不小心就考研考博的人，那些一不注意就瘦下来的人，哪个是真的又丧又懒的？

你可长点儿心吧！

太多人输在不像自己，而你胜在不像别人

1/

有的人是因为朋友少而形单影只，有的人朋友很多却喜欢独来独往，比如笛子。

笛子能在一个僻静的巷子里看一个手工艺人劳作，从清晨到日暮，也能在寂静的山谷里独自待到繁星满天。

他能捧着一包栗子在老城区里漫无目的地瞎逛一个下午，也能三四个小时一动不动地趴在楼顶拍星轨。

他想要去哪个地方玩，背上包就去了，不会想着找个伴。但在路上，他却很喜欢与人闲聊，不管是司机、导游，还是路人、小贩，他都想聊上几句，不是因为孤独，而是想要了解更多。

他在工作中很有主见，当别人都在等老板指示如何开展工作的

时候，他已经按照自己的节奏做完了很多事；当别人都在为突发状况推卸责任的时候，他已经想好了解决方案。

他给人的印象就是，上一秒还在人群里谈笑风生，下一秒就会在人群之外冷眼旁观；话虽不多但掷地有声，从不讨巧但口碑炸裂。

我曾问他：“不和朋友在一起，不觉得孤独吗？”

结果他说：“在一起也一样孤独啊！”

我又问：“你就不怕别人对你印象不好？”

他回答道：“我以前倒是非常在意别人的看法。别人问我怎么不爱说话，我就会拼命地东拉西扯，但说了跟没说一样，甚至不如不说。现在别人问我怎么不爱说话，我就会很坦然地告诉对方‘我没想好要怎么说’，或者‘我觉得没有必要说’。”

其实，真的不需要多说什么，你认真地做好了一件事，会替你解释所有的事。

不必担心别人怎么看自己，也不必老是忙着告诉别人你在干吗。一旦你给自己预设了观众，就会在瞬间失去自我。

比如说，你明明更想玩过山车，明明更想吃烤肉，但因为同伴喜欢玩海盗船、喜欢吃冷面，结果你在游乐场里既没有玩痛快，又没有吃开心。

比如说，你明明手头有很紧急的事情，但因为旁边有人在闲聊，你就会装作很有兴趣的样子，然后时不时插上几句，以显得自己懂礼貌，但结果是：别人觉得你心不在焉，而你还把事情耽误了。

比如说，你明明是打算认真学习、努力刷题，结果因为有同伴在身边，你就看不进去书，听不进去课，还管不住自己的嘴巴，总想聊点儿什么，聊着聊着，一个下午就过去了。

又比如说，你明明只需 3 分钟就能搞定的事情，一旦有了别人的陪伴，可能 30 分钟都搞不定；你明明可以轻松就得出结论的问题，一旦有了别人参谋，你可能就很难交出答案。

人活着不是为了让别人满意的。如果“让人满意”这件事情影响了你的学习、工作或者心情，那么“让人满意”的同义词就是“浪费时间”。

那还不如就独来独往地学习和生活。

喜欢独来独往，是因为你很清楚：遇到问题了，自己看书、自己研究、自己摸索，远比听别人东拉西扯，或者跟一群局外人讨论要有意义得多。

你可以在专业的书籍里找答案，至少可以找到理论依据或者解题思路。

你可以去请教真正的高手，也许别人的一点点提示就能达到拨云见日的效果。

你可以去网上找相关的教程资料，花上三五天细心研究，也许就能学会一项技能。

所以你才懒得去跟话不投机的人辩论，而是选择亲自去搞定问题。

喜欢独来独往，是因为你发现：自己一个人吃饭，远比和几个不太熟的人一起吃要有意思得多。

你可以起个大早去市场挑选新鲜的食材，然后耐心地为自己做一顿美食。

你可以跟着美食教程研究一道新菜式，然后增长自己的厨艺。

你可以不顾礼仪、不顾吃相、不顾穿着，想怎么吃就怎么吃。

所以你才懒得去参加拍起来很美、待着却很尴尬的饭局，而是更愿意把这样的周末留给自己。

喜欢独来独往，是因为你明白：一个人待着，远比和一群装得很熟的人在一起要舒服得多。

你可以去看自己喜欢的电影，然后随便哭，随便笑。

你可以去自己喜欢的小店，然后随便吃，随便喝，随便拍。

你可以去一个自己喜欢的城市，然后随便待着，从清晨到日暮。

所以你才懒得去参加那些看起来高朋满座，实际上跟自己没什么关系的活动，而是选择照顾好自己的感受。

人性就是这样，当你独自一人生活的时候，你更容易反叛；一旦你习惯了和别人一起生活，你就更擅长于委屈自己。

我想说的是，不合群没什么，不合自己的心要痛苦得多；被人讨厌没什么，不怕被人讨厌要快乐得多。

不是所有的才华都要有人赏识，不是每一种喜欢都要取得共鸣，不是每一段时光都要有人做伴。

如果你独自一人就能过得风生水起，而当另一个人或者一群人出现时，由此产生更多的是麻烦和打搅，而不是分享或者欣赏，那么你就不要介意独自生活。

生物学家早就告诉过我们，那些在黑暗中找不到光的生命，大多学会了自己发光。

2/

赵姑娘是室友眼中的“异类”。

她的日常不是待在自习室里看书，就是在去自习室看书的路上。

但她的室友们却是在抱团混日子，她们几乎每时每刻都黏在一起，研究怎么化妆，怎么团购，再不就是讨论哪部剧的哪个角色演得有多烂，哪个牌子的哪款鞋子设计得有多丑……

室友群聊的时候也会问问赵姑娘的看法，试图把她拉进热闹的讨论中，但赵姑娘每次都会说：“我不知道。”

次数多了，赵姑娘身上难免就会有个“不合群”的标签，甚至还有人当众嘲讽她：“有什么了不起的，不就是多读了几本书吗？”

赵姑娘也不生气，而是平静地说：“我理解你们喜欢陪伴，但希望你们也尊重我喜欢独处，这和读了多少书没有关系。”

她从来不去搬运热门的励志名言，因为在她看来，“父母的付出、自己的追求，远比任何人的一句话更能警醒自己”。

她既装不出热情去讨好谁，也知道自己没有什么出众的魅力让别人主动。所以她的选择是，与其互为人间，不如自成宇宙。

后来，学校要举行演讲比赛，平时能说会道的室友在台上照着稿子念都念得磕磕巴巴，而平日沉默寡言的她却是脱稿演讲，并且讲得绘声绘色。她们这才知道，她不是不会说，而是不想说。

后来，班级投票评选优秀学生代表，平时觉得跟大家关系不错的室友只得了三票，而独来独往的她却得了全班三分之二的票数。她们这才知道，或许很少有人喜欢她，但很少有人不尊重她。

再后来，学校举行了毕业招聘会，室友捧着一大摞个人简历像发传单一样“挨家挨户”地投寄，却无人问津，而她却凭借大学四年获得的各种评优和奖学金，以及发表的论文，轻松地拿到了一家大企业的聘书。她们这才明白，她待人冷漠只是想更有效率地用好这所剩不多的青春。

所以说，真心想要做点儿什么，就要假装没有观众。一个人孜孜不倦，一个人张灯结彩。

事实上，不同的人即使站在同一个地方，透过各自的人生，看到的风景也有所不同。

比如说，你想上进，就不要在意一个游手好闲的人，他肯定会说："努力没用。"

你想结婚，就不要盯着一个离婚的人，他肯定会告诉你："结婚不好。"

你想买房，就不要关注那些不打算买房的人，他肯定会提醒你："房价得跌。"

既然你已经选择了自己想走的那条路，就不必在乎别人能否理解你。毕竟，你又不是货架上的果味饮料，会在显赫的位置上标注"橘子味"或者"草莓味"。

敢于与众不同，就要敢于接受别人对自己有不一样的看法。你不能既要特别，又想被理解，就像你不能向糖果伸手，然后又嘲笑自己孩子气。

敢于成为"异类"，是因为你知道自己想要什么，因为你心里拥有"我跟他们不一样"的自信，以及"我只是暂时跟你们一样"的耐心。

而这意味着，你可以怀揣着旁人所不够的定力去做自己想做的事情，胜固欣然，败也从容。

这意味着你踏上了一条自己喜欢的路，这条路的尽头不一定有你想要的东西，但你还是决心要去看看。

这意味着你不再是其他人思维的复读机，不再是潮流的傀儡，不再是孤独的奴隶。

这还意味着，你既不会给别人惹麻烦，也不会给自己找尴尬，就像是在用小火慢慢地“炖着”自己，“咕嘟咕嘟”地越炖越浓郁。

你往人群中靠近一寸，你内心的落寞就会增长一尺。

所以我的建议是，不要追求热热闹闹却空空洞洞的合群，不要纠缠毫无意义又毫无头绪的争论，不要为了面子而演一个不熟悉的角色，也不要因为别人的拙劣表演而气急败坏。

不要因为这世上有人跟你“道不同”，你就不好好走自己的路；不要因为身边有人不理解你，你就觉得自己做错了什么。

假如你自身毫无价值可言，那么谁的认可其实根本就不重要；假如你自身价值不菲，那么谁的批评其实也无所谓。

最重要的事情，从来都不是有没有人爱你，而是你值不值得爱。

同样，不是朋友多了路好走，而是把路走好了朋友才会多。

3/

看过一段经典的对白。

A问："长大以后，最让你难过的事情是什么？"

B答："我有一个朋友，从前的她走路带风，行事高调张扬，笑起来眼角眉梢都是潇洒。她放纵不羁，桀骜不驯。"

A追问："那后来呢？"

B答："后来的她走路不再敢逆着人潮，为人处世谨小慎微。她不再有放肆的开怀大笑，也不再有凌云的少年意气。"

其实很多人都是这样长大的，日子一天一天地过去，不知不觉就没了个性，没了梦想，没了激情，也没了原则，毕生的追求也不过是为了要和大多数人保持一致。

结果是，大家都愿意服从，好像世界上最安全的事就是让自己消失在"多数"之中。

现实就是这样不可理喻，它变着法子地逼你合群，向你灌输如何取得成功，却从不教你要如何保住自己的个性。

你被它塞进一个模具里，变成了一个规矩的、合格的大人，但代价是，你失去了独立思考的能力，失去了个性、梦想、热情和好奇心。

结果是，"我"慢慢地被"我们"给稀释掉了。

我想提醒你的是，成长过程中很重要的一件事情是，你要学会接受别人和自己的“不一样”，同时保护好自己和别人的“不一样”。

只要还有爬出泥潭的力气，就不要让自己在那里待太久；只要还有反抗的念头，就不要站在原地无动于衷。

没有谁能阻止小人物怀有远大梦想，也没有谁能阻止渺小的生命去做生猛的尝试。他们试图把你埋了，但你要记得你是种子。

希望你独处的时间不仅限于到了家门口的车、说过晚安之后的夜、关上门的厕所，还包括在热闹的人群面前，在千篇一律的潮流面前，在众口铄金的偏见面前。

希望大龄女青年还有不将就的决心，而不是像个包裹一样把自己随便地寄出去。

希望中老年人还有追求爱情的勇气，而不必担心被旁人说成“老不正经”。

希望生了女孩子的妈妈有“可以不生”的决定权，而不是“被迫生出男孩为止”。

希望正在努力学习的人有定力继续学习，而不必介意被一群只知道混吃等死的人当成是“怪胎”。

希望内向的人有底气拒绝某个圈子，而不是勉为其难地成为圈子里面目模糊的某某。

希望你能早日承认：生命中大部分时光是属于孤独的。

也希望你能早日明白："不同"不等于"不对"，"不被理解"不等于"我要妥协"。

如此一来，所有你在热闹中失去的，都可以在孤独中找回来。

4 /

哦，对了。

如果你就是喜欢热闹，就是向往合群，那你就继续保持，但是，当你觉得自己被冷落、被孤立了，希望你不要抱怨人类的功利，而是反问自己：我是不是有趣？我有没有用？

毕竟，人本来就是功利的物种。一个人或者一个群体对另一个人长时间地保持友善或者和蔼，只有一小部分原因是出于好感或者认同，更多的是基于"有没有价值"。

需要特别强调的是，"人是社会关系的总和"，这话可能会帮你在一个小圈子里顺风顺水两三年；"人是他自身价值的总和"，这话能让你在任何时候、任何地方都能站稳脚跟。

真心想要做点儿什么，就要假装没有观众。

一个人孜孜不倦，一个人张灯结彩。

男之患在好为人师，女之患在好为人妈

1/

阿雅跟几个同事吐槽她老公的时候，我真的快要笑死了。

她老公是个司仪，前阵子主持了一个周岁宴，结果他看小寿星长得太可爱了，就没皮没脸地要认这个孩子做干女儿。孩子家长受不了他的软磨硬泡，就答应了。

这可倒好，一千块钱的主持费用不要了不说，他还给那孩子包了一个一千块钱的红包。

阿雅气得直跺脚，当晚就把她老公轰出了卧室。结果晚上十一点多，她老公在客厅里上蹿下跳。

阿雅闻声走出卧室门的时候差点儿没笑出眼泪来，眼前的“景象”是：一个一米八六的北方大男孩，抱着枕头站在茶几上，脸色惨白，嘴里念念有词:“家里有蟑螂，媳妇快救我！”

有同事笑着问阿雅:“那你当初怎么就选了他呢？”

阿雅想了一下，然后回答道:“因为在他那里，我永远有台阶可以下。”

然后，阿雅从吐槽模式切换成了“炫夫”模式。

谈恋爱的时候，阿雅骗他说要睡觉了，实际上是追剧去了。后来，男生看见阿雅在朋友圈里给别人点赞。

惊奇的是，男生没有问她“你为什么要骗我”，而是问她“你怎么醒了”。

婚后第一次去婆婆家，阿雅为了露一手，就亲自下厨。大概是因为太想表现自己了，所以那顿饭做得很失水准。

男生的一家人倒也没说什么，结果阿雅自己吃了一口就对大家说:“这溜肉段好硬啊，实在抱歉，我这次做得太差劲了。”

男生马上接话说:“这肯定不能怪你，可能是这头猪平时比较注意锻炼，所以肌肉太紧实了。”

怀孕之后的巅峰期，阿雅的体重一度达到了 143 斤，甚至超过了男生。

有朋友跟阿雅提到这个事实的时候，阿雅反驳道:“怎么可能？”

朋友转而问男生："你发过朋友圈的，我记得是'胖子何必为难胖子'，你就说是不是有这么回事吧？"

结果男生瞅了瞅阿雅，然后稳重地说："不敢有。"

讲到这儿的时候，阿雅"扑哧"又乐了。

遇到理解你的人是非常奇妙的事情。就像是，你以为只有自己蜷缩在黑咕隆咚的角落里，而他却提着灯找到你了，没有问你为什么躲起来，也没有急着拉你出去，而是温柔地问了一句："我可以坐在你旁边吗？"

然而在现实当中，很多恋人都是身兼了"恋人"和"差评师"两个角色。

结果是：他从最初常说的"Hello"（你好），变成了后来常说的"好 low"（差劲、低级）。

你提议去哪里玩，他肯定会说不去："那种地方有什么好玩的？"

你在学习或工作上取得了小成绩，想听几句表扬，结果他却不屑地说："那种奖有什么好骄傲的？"

你压力太大跟他撒娇，他就说你太懒太丧，然后说你不会安排时间，说你这里那里都不对。

你向他解释自己的工作很复杂，他就轻描淡写地说："那么简单，哪有你说的那么难？"

你和他分享感人的书籍或者电影，他不是说无聊，就是想都不想地回一句:“也就能骗到你这种笨蛋。”

你和他交流对某个新闻事件的看法或意见，他动不动就说:“那不可能。”“你想得太幼稚了。”或者“你这观点都是哪里看来的?”

最过分的是，有时候他自己提出来的观点，你隔了一段时间再跟他提出来，他照样会否定你。

如果你生气了，不说话或者转身就走，他还会继续“追击”:“就这么点儿小事就要生气?你至于吗?”“算我错了行吧。”

就在你准备大事化小，小事化了的时候，他冷冰冰地又来了一句:“我现在不能说你了，是吗?那我以后不说话，行了吧?”

他否定你的身材，否定你的打扮，否定你的喜好，否定你的努力，否定你的朋友，否定你的家人，以至于让你觉得自己一无是处。

他总是盯着你生活中的漏洞，总想改变你的生活，就好像他知道的才是世界上唯一正确的活法。

可他从来都没有想过，你都已经这样活了二十年了，而且活得还挺好的，为什么在他这里，你做什么都是错的呢?

如果你有这样的恋人，请替我转告他:

“你的女朋友并没有你以为的那么弱智，她很清楚自己的缺点，她也能接受批评，她也会独立思考。她并不是要你闭嘴，也不是逼着你给她戴高帽，她需要的只是能够与你心平气和地交流，在交流的过程中感受到在乎，听得出理解，仅此而已。”

我只是替这些自以为是的人担心，怕他哪天后悔了想找你道歉，听到的却是：“你拨打的用户已经谈恋爱了，请稍后再哭。”

2/

见到H的时候，她的眼睛又红又肿。马上就要步入婚姻殿堂的她此时却因为未婚夫越来越冷漠而坐立不安。

H说他们之间的话越来越少了，有时候不得已通个电话，说完了正事，就会异口同声地说：“那我挂了啊！”就好像谁说慢了谁就输了似的。

两个人最近一次“交战”是在昨天下午。

H收拾书柜的时候弄坏了未婚夫最心爱的手办，其实H是故意的，她就是想试试看，对方更在乎的是手办，还是她。

结果未婚夫既没有在乎手办，也没有在乎她，而是把自己锁在书房里，直到第二天清早直接去上班了。

H说他变了。以前给他规定：“聊天最后一定要他结尾”“吃饭之前一定要报告和谁吃什么”“吃完饭一定要打电话聊一会儿”“临睡前一定要互道‘晚安’”……他都会照做，而现在基本都是以沉默结束。

更让H感到忧心的是，未婚夫办公室里的每一个女性都显得比自己有魅力。所以她时不时会去偷看未婚夫的手机，会监视未婚夫的账户余额，会迫切地希望未婚夫能够多找自己、多陪自己，最好是随时随地地报告行踪。

说着说着，H又要淌眼泪了，并用哭音说：“我为他付出了那么多，可他好像越来越不在乎我了，老杨，你骂骂我吧！”

我毫不留情面地说：“你还是别谈情说爱了，去打仗吧，在战争中，你不是战死，就是活着。而在爱情中，你既死不了，还活不好。”

其实我想说的是，他在外面已经打了八个小时的攻坚战，回到家还得跟你接着来八个小时的谍战、心理战、舆论战和冷战。然后你说他越来越不在乎自己了，这不是必然的事吗？

你说你为他吃了很多苦，可就算你像苦行僧一样过日子，对方却并没有因为你受苦而感到快乐，那么他就不会觉得亏欠你。

因为没有人因为你受了苦而获益，那自然就没有人因为你受苦而感激。

你所谓的“我是因为爱你才去管你，因为在乎你才看你的手机，因为害怕所以才去监管你跟谁在一起吃饭”，这些更像是在说，“我要全方位地控制你”。

可问题是，四壁都是透明玻璃的房间还能算是家吗？将一个人五花大绑的亲密还算是爱吗？

感情中的你就像一个贪官，每天都在变着法子“巧立名目”——要更多的关心，要更多的陪伴，要更多的安全感，惹来天怒人怨不是早晚的事吗？

与其说是他不想靠近你，不如说是你把他赶走的！

德国著名心理学家海灵格曾说：“幸福的家庭都有一个共同点，家里没有控制欲很强的人。”

而你呢？

本意是想照顾好对方的生活，却一不小心用力过了头。结果是，有困难要帮他，没有困难，你制造困难也要帮他。

为了让他听话，你的策略是多说几遍，他的策略是装听不见。结果是，他越来越觉得你絮叨，而你越来越觉得他敷衍。

你控制不了自己的情绪，又想照顾好对方的感受。结果是，你越来越苛刻，他越来越冷漠。

最终，感情沦为了抱怨的制造商，跟你约会就像是在奔赴战场。

在遇见爱情之前，你会以为自己是个合格的恋人，知分寸、懂进退，可一谈恋爱，你就变成了幼稚小气、嫉妒心爆棚，同时还蛮不讲理的讨厌鬼。

如果对方忘记了纪念日，你就恼火地强调：“你上次说了，要这样，要那样，你以前可不是这样说话不算数的，你欠我这个，还有那个……”

如果对方一应俱全，而且有求必应，你依然可以从一些几乎可以忽略不计的小事上挑出毛病来。

甚至就连鞋子必须怎么摆放，被子必须怎么叠，坐在沙发上的时候必须这样，吃完水果必须那样……你都有明确的指令。

就连能吃什么和不能吃什么，能穿什么和不能穿什么，能说什么和不能说什么，你都有明确的禁令。

而这些“指令”和“禁令”都像是在对他说：“你要听话”“你要执行”“你要改变”。

那么请问一下，你是他的恋人，还是他的妈妈？

我的建议是，永远不要有改变他的念头，也永远不要有掌控他的想法，因为到最后你会发现，自己再怎么歇斯底里，对方很可能是纹丝不动，仅仅是增加了不美好的回忆罢了。

你为什么要发火？无非是：

“我现在很不爽，我得表现出来，让你也不爽，看着你不爽，我就有点儿爽了。”

“我要找碴儿，我要试探你，通过你的反应来确认你还爱我。”

“你身上的臭毛病我实在是忍不了，我想通过发脾气的方式来让你做出改变。”

而你表达不满的方式，要么是自我拉扯，要么是大动肝火。然后一哭二闹三上吊，不吃不喝不睡觉，但这么做的后果只会进一步激怒对方。

事实上，即便相爱也无法保证心灵相通。所以，千万不要指望对方能透过你那臭得要死的脸，看透你“希望他好”的心。

你在一些紧要关头突然沉默，在对方看不见你的地方玩消失，当众大发雷霆或者公开表达自己的不满，这些过激行为并不会让对方多爱你一点，也不会让人多理解你一点，这只会让对方更加抓狂，更加理直气壮地要和你对抗到底！

哭泣确实会得到一点点的怜惜，但泪水太多只会让人窒息；用纯金去打造鸟笼确实是非常辛苦，但对鸟来说也只是牢房而已。

3 /

刚刚在一起的时候，所有人都觉得你们不可能在一起很久，甚至还有人在打赌，赌你们什么时候分手，可你们就是在一起了很久。

但后来，你们经历了越来越多的事情，多到所有人都觉得没有什么事情可以将你们分开，但你们却真的分开了。

是的，相爱容易，相处太难。因为大家都是在跟对方的优点谈恋爱，却需要跟对方的缺点一起生活。受不住考验的就分了，经不起折腾的就算了。

不信你再看看那些童话故事，有多少是讲到婚礼发生的那天就不敢再往后讲了。

男的说："我愿意为保护你而赴汤蹈火，但我接受不了你的任性和胡闹。"

女的说："我愿意不离不弃一生伴你左右，但我无法容忍你的冷漠和忽视。"

大家都在说："我愿意为了爱情付出所有。"前提是遇到那个对的人。

于是，很多人将情路的坎坷怪罪于"没有遇到对的人"，就好像只要找到那个"对的人"，他就一定能够秒懂你的小心思，会跟你有无言的默契，会填补你所有的缺憾，会将你从干瘪的、乏味的生活中拯救出来……就好像有了那个"对的人"，所有的问题都会迎刃而解，人生就再无后顾之忧。

那么，怎样才算是"对的人"？是不是要高富帅，要善解人意并且非常有趣？

有人粗略给我们算了一下，遇到一个“对的人”概率到底有多少呢？

先说“高”，按1.8米来算，就当作是20%；

再说“富”，就按“100个人里面有2个富人”来算，大概是2%；

再说“帅”，就按“一个班里至少有一个帅哥”来算，当作是5%；

要“善解人意并且非常有趣”，就按“50个男生里面有一个”来算，也就是2%；

结果是多少呢？

20%×2%×5%×2%=1/250000。

换言之，如果你一天新认识一个男生，大约要用685年才能遇到这样一个“对的人”。

但是，如果你还想考虑一下三观合不合，你的爸爸妈妈还要对比一下对方爸爸妈妈的教养，你的爷爷奶奶还想分析一下你们俩的生辰八字……

呵呵，恐怕你得花掉上下五千年。

“对的人”这种想法会让你误以为自己当前的感情就是一个错误，你就没有解决问题的耐心，你只想快点儿分手，然后腾出手去找那个“对的人”。

于是你左挑右选，一有不满就想换一个，一有矛盾就想着“那就算了吧”。

现实的爱情从来都不是一个白马王子遇上一个白雪公主，而是一个平凡的人遇到了另一个平凡的人。

这就意味着，人人身上都有几大箩筐既不想改也很难改掉的臭毛病。

这还意味着，我或多或少会对你有不满，你或早或晚会觉得我有点儿烦。

爱情根本就拯救不了任何人，唯有你变好了，你的爱情和生活才能一并得救。

4 /

男生和女生是两种完全不同的“物种”。

比如同样是手机关机了，开机之后发现对方打了 20 个未接电话，女生会觉得“我好开心”，而男生则会认为“我死定了”。

比如同样是吐槽自己的同事，女生的想法是：“你就应该不分青红皂白地站在我这边，跟我一起吐槽，要不就是夸我、赞美我，不要说别的。”而男生的想法是：“有矛盾就要分析谁对谁错，或者干脆做出决定，是辞职不干了，还是再忍一忍。”

又比如同样是让对方开心，女生需要的是：拥抱，接吻，好好说话，陪孩子玩，打扫卫生，陪她去娘家，陪她逛街，陪她旅行，对她说甜言蜜语，为她准备纪念日的惊喜礼物，做她的忠实听众等几百几千个答案……而男生需要的则是：“别管我！”

所以对待女生，你要宠爱。

所谓“宠爱”，不是嘘寒问暖，也不是有求必应，而是懂得她独在异乡的孤独，体谅她初为人妻、为人母的无助，理解她在柴米油盐和锅碗瓢盆面前的辛苦。

不要跟她冷战，不要对她说教，最大限度地表现你的宽容和热情。

沉默不见得是爱，但冷漠一定是伤害。对错可以掰扯，但冷漠只会让人无计可施。

所以对待男生，你要尊重。

所谓“尊重”，不是百依百顺，也不是阿谀奉承，而是有意识地维护男生脆弱的自尊，体谅他不愿意示人的怯弱，接受他稍显孩子气的意见，容忍他长不大的想法，适应他不同常人的习惯。

不要当众指责他，不要公开否定他，任何时候都要记得维护他的尊严。

你不尊重他，别人就更不会尊重他。那后果就是，别人在轻视他的同时，顺便也把你给轻视了。

好的爱情就像是一方沃土，你是苹果就长成好吃的苹果，我是橘子就长成甜甜的橘子，我不会要求你变成橘子，你也别盼着我长出苹果来。

我们并肩而立，各自枝繁叶茂，我们互相关心但不介入，互相理解却无须苟同。

我们就像是在同一首曲子中起舞，但我们的舞姿可以各不相同；就像是在同一个酒会上举杯，但我们不必用同一只酒杯共饮；就像是琵琶或者钢琴，弦或者键是在同一首乐曲下颤动，却又各自独立。

我不会贬低你为之骄傲的，你不去阻止我真心喜欢的，我不会攻击你与生俱来的，你不会期待我根本就没有的。

我们以信任之心给予对方想要的自由，同时又以珍惜之心不滥用自己的自由。

希望世界上所有的久处不厌都是因为“啊，你怎么越来越可爱了”，而不是因为“算了算了，都已经在一起这么久了”。

希望世界上所有的白头偕老都是因为“我想和你虚度时光，比如低头看鱼”，而不是“还能怎么办呢，都已经这样了”。

不要学会了说话，就忘记了做人

1/

先讲两个关于“说谎”的笑话。

第一个发生在火车上。一个男子上车之后发现有人占了他的座位，然后男子就故意把自己的车票给占座的人看：“大哥，我不认识字，麻烦你帮我看一下我这张票是在哪个位子。”

结果占座的人看了一眼票面，很认真地回复道：“兄弟，你这是站票，站哪儿都行。”

第二个发生在国外。一个男子在赌场赢了10万美元，他不想让任何人知道，就偷偷把钱埋在自家后院里。第二天一早，他发现钱不见了。但地上有一排脚印，一直延伸到邻居家。

邻居是个聋哑人，男子就去请了一个会手语的老先生帮忙沟通。

邻居开门之后，男子马上举起枪，并对打手语的老先生说：“你告诉他，要是不把 10 万美元还给我，我马上就毙了他！”

老先生把男子的原话用手语传达给了邻居，邻居马上就交代了，说钱就埋在樱桃树下。

然后，老先生转身对男子说：“他不肯告诉你，他说他宁可去死。”

为了得到好处，说谎成了很多人的本能反应，就像是吃到了好吃的零食一样，根本就停不下来。

有个有趣的统计显示：平均来说，一个人每天被骗的次数是 10 次到 100 次不等。

如果是夫妻，每 10 次交流至少有 1 次是在说谎；

如果是热恋中的情侣，每 3 次交流有 1 次说谎；

如果是你和你妈妈，每 5 次交流至少有 1 次是在说谎。

可即便大家都接受了这是一个充满了谎言的世界，但大家也很难接受被戏弄。

换句话说：你可以胡说八道，但别把我当成傻子。

然而现实生活中总有一些自以为是的人，觉得别人都比自己笨，觉得别人肯定看不出他的那些小九九，觉得别人肯定看不穿他说的谎言，于是就用谎言来拿捏别人。

比如某个男生，为了追求某个女生，他连续给女生送了一个月的爱心早餐，还不时地给女生发一些“大清早选购食材”的照片，以示他的良苦用心。

结果有一天，女生发现男生送的爱心早餐都是在一家小吃店里购买的，马上就和男生断绝来往了。女生觉得自己被糊弄了，就开始怀疑男生的真心。

比如某个送餐员，因为自己接单数量太多了，导致送餐迟到了一个小时，他没有主动道歉，而是跟客户狡辩：“这又不能怪我，是饭店做得太慢了。”

他不知道点餐软件已经暴露了他的谎言，他不知道客户更愿意听到“抱歉，怪我送晚了”这样诚恳的话，所以面对因为被骗而被激怒的客人，他甚至还会抱怨一句：“你真是太小题大做了，你不知道送餐有多辛苦吗？”

比如某个中层干部，因为想要向大老板展示自己“非常努力”，就设置了一个凌晨一点定时发送的邮件，还特意带了一张工位的照片，但其实他早就下班回家了。

结果大老板那天见完客户，大半夜回了一趟公司，收到邮件的时候，老板发现他的工位上空无一人，一下子就明白是怎么回事了，第二天就把这个人连降三级。他本来没做什么坏事和错事，但老板往“不可靠”这方面想了，就开始怀疑他在很多地方都做了手脚。

比如某个公司的小职员，上班时间逛淘宝、刷微博，等到下午五六点钟才开始工作，然后一直拖到晚上八九点才下班。聚餐的时候她就跟同事吐槽自己工作有多惨，又或者是趁机向领导表示自己有多上进。

大家表面都在安抚她、夸奖她，但私下却互相吐槽：“她是觉得我们眼瞎吗？”

这个世界上，自作聪明的人太多了。别人不揭穿你，并不代表什么都不知道。只是不屑说，懒得去说，因为大家根本就不想救你。

你可能觉得自己还不错，待人礼貌、工作上进、心地善良、做事认真……但实际上，你是个什么样的人，别人早就有了判断，只是没有说出来罢了，然后就让你徜徉在自己的美好想象之中，以为“我表现还不错，大家应该看不出我动机不良”。

事实是，你把别人当傻子的戏码演得越是精彩绝伦，大家就越不忍叫停你的演出。大家就那样看着滑稽的你，就像在看一场免费的马戏。

都说“聪明人看破不说破”，其实这句话还有下一句：“傻子才把别人当傻子”。

2/

有个女生问我："以前玩得挺好的朋友向我借了两千块钱，都已经好几年了，还没有还给我，如果我现在开口问她要，是不是显得不太好？"

她大致描述了一下借钱的过程，朋友说她因肠胃炎住院了，想借一千块钱救急。女生直接打过去两千，并且宽慰道："我怕你不够，借你两千，如果还不够，你再跟我说。"

结果她后来发现，原来这个朋友并没有生病，而是和男朋友旅游去了。

女生在微信里明示暗示了几次，但对方每次都能搪塞过去，要么是说，"你们家那么有钱，肯定不缺钱花"，要么是说，"你男朋友那么疼你，让他给你买"，要不就是拍着胸脯保证，"过几天肯定还给你"。

就这样，"几天"变成了"几年"。

我问她："如果对方实际上就是不想还你，你还打算要这个朋友吗？"

女生说："不想要了。"

我说："那你就大大方方地要，她都好意思不还，你有什么不好意思要的！"

她又问："我是不是特别蠢啊？"

我回复道："蠢的是她，这么真心对她好的朋友都不知道珍惜。"

太宰治有一句话我特别喜欢："给别人添麻烦还能佯装无事，不是精神特别傲慢，就是有乞丐的天性。"

你用夸张的、欺骗的方式得到了一时的好处，但同时也消耗了你自己，耍心机的次数多了，你就不值钱了。

就像"狼来了"的故事那样，你以后真的发生什么要紧的事情，别人也懒得理你了。

人再倒霉，也不能坑自己的朋友；活得再难，也不要丢掉别人对自己的信任。

别人可以真诚地帮你，但这并不代表别人喜欢被你使唤。他不是用来欺负的，他不喜欢加班，不喜欢无私奉献，不喜欢劳心劳力地帮助别人，也不喜欢三天两头地借钱给别人。

别人可以请你吃一千块钱的大餐，也可以请你喝两千块钱的好酒，但是你欠他的一百块钱，你得还，这是规矩。

没有一份真诚是不需要妥善保管且耐心维护的，没有一份好心是没有来由且不需要回报的。

一辈子长着呢，别把自己的路走窄了。

你当然可以去学巧舌如簧的说话术，也可以去学气势如虹的辩论术，但大前提是，你得先学会做人。

假如人不行，不管你学会了多么高级的说话技巧，不管你说得多么动听，说话的技巧只会让你显得特别讨人嫌，只会让别人确认：你这个人确实不行。

真是替你担心，怕你哪天有求于人，但始终无人接听，而语音提示就像是在说："对不起，您拨打的用户正在假装听不见，要点儿脸的话，请不要再拨了。"

3 /

还记得有个女生在微博里给我发私信，首先发的是她的自拍照，然后开始讲她的糟心事。

大意是，自己就长这样，最近发了几次朋友圈，仅仅是为了记录一下最近的生活。可总有那么几个嘴贱的人喜欢评论，"长得这么丑还敢秀""某某比你好看多了""PS 得太过分了"，甚至还有人说"像鬼似的"。

她反击了，对方就说自己是开玩笑；她骂回去，结果其中的两个人把她的照片发到了公司微信群里，还起哄让大家都说丑。

之后，原本爱笑的她患上了抑郁症，敏感得就像一只穿山甲，恨不得每天都躲在石头缝里。

她问我："我该怎么办？"

我回复道："不要还击，不要理睬，就当他们是满天乱飞的屎盆子，你得把自己的心态、位置都摆得更高一些，争取让这些屎盆子砸不到你。"

这世上既然存在一见钟情，就难免会有一见恶心。

对于以嘴贱为乐的人，我只想说四点：

一、我承认你有言论自由，也认可你有发表自己观点的权利。但如果你说话就像是在随地大小便，那我建议你去找个厕所，或者在你自己家里解决，而不是窜进我的花园。

二、我接受你不喜欢我的事实，但你不能跑到我的私人地带来恶心我。没有按你喜欢的方式存在，那是因为我从来就不是为你而活，你的喜好并不是我生活的参考答案。

三、真诚的前提是有所保留。在什么场合，什么话该说，什么话不该说，你心里应该有个数。别人悲痛欲绝，你还滔滔不绝，真的不是性格的问题。

四、虽然你不喜欢我，并且也无法改变我的生活方式，但是你可以戳瞎自己的眼睛。

现实有时候非常地不可理喻，愿意耐心地敲开心门的人越来越少了，而专程前来添堵的人却接二连三。

让你难过的，都说自己没有恶意；让你受伤的，都说自己不是故意。你看，每一个你觉得坏的人，都觉得自己本意是好的。

这些人没有说相声的命，还非要让全人类做他的捧哏。然后，把嘴贱当幽默，把不知轻重当伶牙俐齿。

借余光中先生的一段话来说就是："初见你这张吞象的巨口，我曾经幻想其中的深广。不幸你后来每次张嘴，总让人直窥见你的肚肠——既无黑墨汁，也无蓝墨水，你患的原来是营养不良。而你偏偏爱随地吐痰，以表示你的慷慨大量。"

对于不会说话的人，我也只说四点：

一、话少的你远比话多的他看起来要聪明，因为你把很多蠢话都藏在心里了。笨嘴拙舌就踏实做人，木讷少言就用心去听。

二、先分析一下对方是虚伪，还是情商高（情商高是不让别人尴尬，虚伪是不想让他自己尴尬）；再分析一下对方是油腻，还是幽默（幽默是在和你开玩笑的同时又捧了你，而油腻是在和你玩笑的时候贬低了你）；最后问问自己：我愿意成为那样的人吗？

三、尽可能地对自己诚实，不自命不凡，也不妄自菲薄，并坚信努力可以带来好运气，相信真诚可以交到好朋友，深信善良是个好东西。

保持热爱，奔赴山海

快乐锦囊

《热爱可抵岁月漫长》

当当专享版

你的好运气正在派件中 —›

请保持心情舒畅

要努力做一个“五独”俱全的人

独立的人格

独立的思辨

独立的生活

独立的感情

独立的经济

不要脸一下

小声地在心里默念：

“我们确实不适合，你适合更好的，而不是我这种最好的。”

做个好人

只是因为不擅长说好听的话，所以被人当成了正直的人；

只是因为不习惯到处炫耀，所以被人当成了谦虚的人；

只是因为真的没什么钱，所以被人当成了勤俭的人。

你看吧，做个好人其实一点儿都不难。

认清事实

很多上了年纪的人都表现得特别仁慈，
不是因为脾气变好了，
而是认清了“就算发脾气，也改变不了什么”的事实。

打个招呼

看见有人在读你非常喜欢的一本书，或者发现有人在听你很喜欢的一首歌时，其实是那本书或者那首歌在向你推荐那个人。

我听说的

听说医学院的老师是这么定义医生这个角色的：

“我们所有人的归宿都是火葬场，全在排队，

医生的作用就是防止有人插队，

时不时地把人从队伍里拎出来往后面排排，

当然，有的实在拎不动的也只能随他了！”

珍珠奶茶

珍珠奶茶的做法：

1. 45g 水与 20g 黑糖小火煮开融化；
2. 水开后关火加入 50g 木薯淀粉搅拌成团；
3. 倒掉，拿手机点外卖。

不要高估人性

人性就是这样，总是记不住别人为自己做了什么，

但总能记得别人没有为自己做什么；

总能牢记自己付出了什么，却常常忽略自己得到了什么。

所以人们总喜欢扮演法官，判别人肯定有错，判自己心安理得。

好好工作

你要好好工作，不然别人又会说：

“你看那个人，~~除了好看，~~一无是处。”

爱而不得

关于“爱而不得”的 4 个人生建议：

1. 不必遗憾本就不能的事；
2. 不值得的人趁早两清；
3. 不属于自己的不仅是要扔掉，而且还要扔得远远的；
4. 上岸了就别再想海里的事。

爱听不听

爱听不听的社交建议：

1. 在互道晚安之后，如果看见朋友发了新动态或者还在和别人继续互动，要有不去质问的默契。
2. 如果有一天，你们真的闹掰了，
   绝不能添油加醋地在任何人面前说对方的坏话，
   就算做不了朋友，你还得做人。

一个谚语

阿拉伯谚语："我们不能随便生气，生气的时候，你会使出真本事。这样，别人就会知道，你的真本事也不过如此。"

友谊不必天长地久

过年过节的时候还能互相发一句“恭喜发财”，

总好过两个人口不对心地尬聊“友谊万岁”。

少玩手机

少玩手机的 5 个方法：

1. 关闭所有的软件提醒，包括通知、声音、震动，但来电除外，以防急事。
2. 学习或者工作的时候，务必把手机调成静音模式，
   并放在视线之外，然后抽出一个时间去集中处理信息。
3. 给自己下一个死命令：手机不许上餐桌，不许进卫生间，不许上床。
4. 每天定一个具体的目标，越具体越好，
   然后养成用一大段完整的时间去搞定目标的习惯。
5. 每次准备伸手拿手机的时候，你就问自己："不看会死吗？"

致以嘴贱为乐的人

1. 我承认你有言论自由，也认可你有发表自己观点的权利。
   但如果你说话就像是在随地大小便，那我建议你去找个厕所，
   或者在你自己家里解决，而不是窜进我的花园。
2. 我接受你不喜欢我的事实，但没有按你喜欢的方式存在，
   那是因为我从来就不是为你而活，你的喜好并不是我生活的参考答案。

四、隔三岔五就让你暴跳如雷的人，你还把他留在朋友圈里，你家是缺打火机吗?

不要觉得舍不得，不要被食之无味弃之可惜的东西牵绊，人生真的很宝贵，浪费也要浪费在让你觉得美好的人和事上。

希望你早日明白：删除或者拉黑，都是在给垃圾分类。

4 /

朋友在外面吃亏了，你不要张嘴就说“吃亏是福”。

你得知道，“替人大度”是很没礼貌的行为。你没有资格以“置身事外”的心态说“没必要”和“不至于”之类的话。

最危险的关系就是，从来不去了解对方的真实需求就把自己的意见“砸”在对方脸上。

老板正在为某个决策伤脑筋，你就别想当然地分析这个，分析那个，然后自以为是地说“这太简单了”。

你得知道，老板要对最终结果负责，所以做决定的时候就会“因为权衡利弊而显得特别笨拙”，而像你这种不必对结果负责的人只是“因为轻飘飘地说这说那才显得绝顶聪明”。

专业人士在做专业的事情，你就不要用自己的涉猎去挑战别人的专业。

和专业的人打交道，你只需要信任他、配合他，而不是装作专业的样子，以显示自己无所不知的博学，又或是展示自己不可替代的地位。

最使人受不了的交往莫过于“从来不停下来想一想”，以及“从来不想停下来”。

和一个特别敏感的人相处，你不能太过于随便。

你不知道他的人生中到底发生了什么，就不能乱说话，乱开玩笑，就算他看起来非常开朗，非常优秀，非常和蔼，他的心里也始终悬着一条线，时刻在提醒着他：“如果这条线被人触碰了，那我就崩了。”

所以你平时张嘴就蹦出来的一句点评，有意无意开的某个玩笑，在你看来“这没什么”，但在别人那里可能是“致命一击”。

每个人觉得委屈或者崩溃的标准是不一样的，不要因为“我觉得这没什么”就看轻别人的感受。

如果你想说什么就说什么，完全不考虑别人的感受或者社会影响，那么即便你说的是真的，但是你说出来的话的后果是让别人不爽了，让问题悬而未决甚至恶化了，那你就是做人有瑕疵！

所以我的建议是，少掺和别人的正事，哪怕你觉得自己掌握了人世间的真理；少管别人的闲事，哪怕别人表现出很需要你关心的样子。

不在个子不高的人面前讨论个子高的好处，不在体重偏重的人面前谈肥胖的坏处，不在失恋的人面前秀恩爱，不在家庭不幸的人面前谈父母的恩惠。

慢慢你就会明白：十之八九的欲言又止在日后想来都会万分庆幸，而绝大多数的心直口快在事后回忆都会追悔莫及。

生而为人，我们要对自身的弱点不断反思，不能把“肆意妄为”或者“口无遮拦”当成了“做自己”。

与此同时，我们也要对人性的弱点给予包容，不能把“鼓励每个人去做的事情”变成“对每个人的要求”。

一个人就算是没有出息，就算是一生碌碌无为，但如果你能做到：不乘人之危，不落井下石，不利用别人的善良，不辜负他人的真诚，不在别人的事情上指手画脚，不因为别人比自己过得好就在背后使坏，这样的你就已经在做人的层面上打败了很多人！

在把事情彻底搞砸之前，人总是“作得一手好死”

1/

表弟发了一个朋友圈：“曾经，有一段美好的大学时光摆在我的面前，我没有好好珍惜，等到失去了才后悔莫及，人世间最痛苦的事情莫过于此，如果上天能给我一个重新来过的机会，我一定会对曾经的自己说：别玩了，再玩你就废了！”

我默默地点了个赞，结果他发来了微信：“表哥，你说我怎么就混成现在这副德行了呢？”

我回复道：“就算你是天纵奇才，也敌不过你这一身懒肉。”

表弟绝对算得上是天才，从小学到高中，他的成绩就没跌出过班级前三，并且是非常轻松地考上了理想的大学。

然而，他的人生目标似乎也停在了“考上一所理想的大学”，因为他已经毕业一年多了，连一份正经的工作都没找到。

上大学的他，每天的心理活动大约是这样的：

“不去上课也不会有问题吧，嗯，不去了”；

“不起床也不会怎么样吧，嗯，接着睡”；

“不吃饭也不会死啊，嗯，不吃了”；

“不打招呼也没什么吧，嗯，假装不认识吧”；

“挂科了也不会怎么样吧，嗯，挂就挂吧”；

“衣服明天再洗也没事吧，嗯，明天再洗”……

四六级考试马上就要到了，他是单词没动力去背，模拟题没耐心去刷，心里还相当坦然：“就算这次没过，下次再考呗，也不会怎么样。”

结果真没过的时候，他还能自我安慰道：“反正有那么多人都没过，无所谓啦。”

他也曾想过要做一些改变，但常态却是，上学期想着“寒假一定要重新做人”，寒假想着“下学期一定要重新做人”，下学期想着“暑假一定要重新做人”，暑假又想着“下一学年一定要重新做人”。

结果大学混完了，学校没有教会他重新做人，轮到社会教他重新做人了。

是的，毕业是个残酷的季节，不管你有没有成熟，都会被一同收割。

很多人理想中的大学生活是这样的：

可以遇见几个贴心的室友，然后建立起天长地久的友谊；

可以加入很多社团，参加丰富的社团活动；

可以安静地在图书馆里看书，不断地充实自己；

可以拥有一段纯洁的恋情，甜蜜而且纯粹。

总的来说就是，每天都很充实。

但现实中的大学是这样的：

能谈心的还是昨日的老友，室友只是室友；

每个学期只有考试前的一周是忙碌的，其他时间完全不知道要做什么；

上课经常不记得带书，但总记得带手机；

没有恋爱对象，只有恋爱的幻想；

每天都在有限的人民币中，无限地畅想未来。

总的来说就是，每天都在混。

大学确实很好混，你可以躲过爸爸妈妈期待的眼神，可以躲过老师尖锐的眼神，以为“大家都这么混”就没有什么问题，以为“拿到毕业证就是人生巅峰”。

然后，在毕业的那一刻，你会突然发现，曾经和自己同分考入大学的某某拿到了全额奖学金，曾经和自己一样喜欢游戏的某某考上了名校的研究生，曾经和自己一样内向的某某被一家大公司录用了……而你，只能想着用考研来逃避现实。

我猜你可能搞错了，“拿到毕业证书”和“找到理想的工作”，这是两码事。

不管你是什么大学毕业，毕业证书更像是一张收款凭证，它仅仅只能说明你的家人为你读书花了钱，你的青春为你的学业花了时间，但这并不能说明你读了书、长了见识，更不能保证你有一个顺利的求职过程。

求职的时候，你可能会用“我能做什么”来判断或者定位自己，而用人公司只会用“你曾经做了什么”来判断和定位你。

如果你大学期间的大部分时间不是花在上课、读书、思考、备考、了解社会、参与实习，而是花在吃饭、睡觉、恋爱、游戏、八卦上，那么你凭什么让一家公司相信，你比那些没有念书的人更优秀？

换言之，决定求职结果的，绝不是面试的那几分钟，而是整个大学四年你是怎么过的。

所以我的建议是，该上的课要按时去上，学校既然设置了这个课程，那就有它存在的意义。而且，旷课这种事情一旦开了头，就没有结尾。

该看的书籍要抓紧时间看完，别等到要考试的时候发现什么都不会。你得知道，考试之前没有做到“哪里不会点哪里”，那么考试的时候就会发现“哪里不会考哪里”。

人生的前半场越嫌麻烦，越懒得积累和精进，人生的后半场就越有可能错过让你心动的人和让你想做的事。

怕就怕，道理你都懂，终于下定决心去跟拖延症宣战：“拖延症，我要杀了你！”

结果拖延症提议道：“明天行吗？”

你想了想说：“行。”

2/

老莫刚参加工作的时候一直想当“劳模”，结果却是越老越磨叽。

经常出差的他，已经有三次坐飞机因为没赶上航班而不得不改签，至少有五次坐高铁是因为迟到而被闸机拦了下来，还有无数次是快要出门的时候才想起来要收拾行李，最后不是忘了带身份证，就是忘了带手机……

我曾笑话他：“你这拖拖拉拉的精神真是像极了熊猫，明明就没有天敌，却偏偏把自己作成了濒危物种。”

也不知道是不是因为我这乌鸦嘴的缘故，这句玩笑话才说出来没几天，老莫就被降职了。

事情是这样的，身为公司管理层的他每天都必须完成一份安全报告，这原本是一个仅需五分钟就能做完的小事，他却有半年没写了，而老板突然说要检查。

没办法，他只能通宵去补写。为此，他还买了一堆吃的喝的来犒劳自己。看着这一大堆的零食，他的内心其实是很激动的，有一种“我要干一番大事业”的澎湃感，然而到了凌晨三点，他就困得怀疑人生了。

迫不得已的情况下，他就翻出去年的安全报告来蒙混过关，结果老板一眼就看出来了……

在处分报告的结尾，老板写的评语是：“不管做什么事，给人的印象就是，还没有出发，就已经迟到了。”

我问他：“你这爱拖拉的臭毛病能不能改一下呢？”

结果他反问道：“不是都说，deadline（最后期限）才是第一生产力吗？”

我毫不客气地回复道：“恕我直言，像你这种懒家伙，deadline 绝对不是第一生产力，它只是给了你把一堆做得乱七八糟的东西交上去的勇气而已。”

身处困境之中，既要思考“我该如何脱离此地”，还要思考“我是为何沦落至此”。

其实我想说的是，靠拖延得到的快乐是个短命鬼，但因此而出现的焦虑却是个老不死的。

明明是有事要做，却又觉得没那么着急，所以先放着；明明可以今天做完，却又觉得“晚一天也没关系”，所以“明天再说”。

结果是，吃到撑着了，才想起来减肥；工资花光了，才想起来攒钱；跟别人分手了，才想起来好好珍惜；发现某某从生命中消失了，才想起来要好好告别。

和下属之间不得不谈的事情，非要等到别人决心要辞职的那天才说出口；不得不做的工作，非要留到老板发脾气了才尽力去做。

总的来说就是，不到最后一刻，你就绝不开始；不到三令五申，你就绝不完成。

一年的工作计划，你前十个月都在梦游，还剩两个月的时候才有了紧张感，然后动员自己要努力，可东搞西搞了一个月，还是一点效果都没看到；

等到只剩一个月的时候，焦虑铺天盖地，你越急切，做得也越糟糕；

最后，你说老板没良心，说老师太狠心，说社会没人情味，说命运对你太刻薄……

羞不羞？

天天想着要出人头地，结果春天结束了，什么都没有发生；夏天过去了，什么也没有改变；秋天过完了，什么都没有拥有；冬天收场了，什么也没有出现。

紧接着，二十岁散场了，你还是一无所获；三十岁闭幕了，你还是手无寸铁……

于是你的人生常态就是：事事如意料之外，年年有余额不足。

我想提醒你的是：该做的事情不是波尔多红酒，不会随着时间的流逝而变香。如果你不着手解决它，它可能会换一种方式解决你。

你不肯花力气去背的单词，总有人能背下来；你不愿花时间去做的题，总有人早早地做了；你喜欢拖到明天才做的事情，总有人今天就出色地完成了……

结果是，你想去的学校只能让别人上了，你想要的职位只能让别人占了，你想过的人生也只能让别人过了。

在你不断强调“不好的事情都会过去”的同时，希望你能明白：好事也会过去。

所以，精神状态很好、身体很健康、心态很平和、时间很充裕的时候，要抓紧时间学习或者工作，而不是等到状态不好、有了病症、情绪失落或者时间紧迫的时候再去努力，那只会事倍功半，甚至是功亏一篑。

面对不得不做的事，一定要集中注意力，速战速决，这样才能避免被它消耗大把的时光，这样才能腾出精力做自己想做的事。

既然注定要被恶心一下，那最好的对策就是，把恶心的时间缩到最短；反之，你把时间碎尸万段，你的时间就一文不值。

如果有一天，你发现明天要做今天的事情，后天又要做明天的事情，那么你的生活距离一团乱麻就不远了。

3/

一位编辑朋友曾跟我讲过一个好玩的事情：某本书火了，就会有一批人懊恼，因为他们也曾有过类似的想法，但一直没有操作，结果别人做出来了，而且卖得特别好，这些人就会痛苦地后悔着。

对此，他一针见血地指出："一个好点子，可能有一千个人早就想到了，可能有一百个人打算去做，但往往只有一个人真的做了，那么，活该另外九百九十九个人后悔！"

拖延会营造一种错觉，让你以为自己还有机会，还有时间，以为一切都在自己的掌控之中。

比如说，“这篇论文花不了多少时间，我不可能写不完的。”

“这只是个简单的任务，晚点儿做就行，我不可能出什么事的。”

“我们这么多年的关系了，不谈条件也没问题，他不可能会介意的。”

“我领先他那么多，今天休息一下也没什么的，他不可能超过我的。”

“我和他心有灵犀，有误会也不用急着解释，他不可能会离开我的。”

如果有人要求你用一句话来形容自己的拖延症，相信很多人的答案都是：“明天再告诉你。”

拖延的本质是逃避，抱着“能拖一天是一天”的心态工作，或者是抱着“做一天和尚撞一天钟”的心态假装努力。

等到机会被别人抢走了，你就跳出来哀怨，说自己倒霉，说别人不过如此，然后，你还是继续任由一个个机会擦肩而过……

等到被上司问责的时候，你就抛出一句“我最近太忙了”“我心情不太好”“我不太舒服”……然后掉入“我好烦”“我压力好大”“我不知道该怎么办才好”的情绪深渊中。

等到需要总结近期的工作成果时，你就安慰自己说“慢工出细活”，但实际上，很多人所谓的“慢工”其实就是停工，所以不可能出细活。

更大的可能是，你在截止日期的前几天，着急忙慌地弄出一个粗制滥造的东西来应付差事，仅此而已。

更可怕的是，因为拖延的缘故，你永远都不知道自己会失去什么，你也永远不知道自己会比想象中最差劲的样子还要再差劲多少！

可问题是，你的确可以暂时地逃避现实，但是你终究无法逃避这样做的后果。

你本来可以一天就做完的事情，如果别人让你下周一交，那么你一定会拖到最后一刻。

周一到周五，你想着还有周六和周日，就优哉游哉地荒废了；

等到了周六，你想着还有周日，就踏踏实实地又“瘫”了一整天；

等到了周日的早上，你觉得还有下午和晚上，就继续拖；

等到了下午四五点钟，你终于有那么一点点慌了，但很快就稳住了，因为你心里想的是：“大不了晚上熬个夜”；

等你慢吞吞地吃完晚饭，散完步，刷完微博热搜，再跟暧昧的某某说完“晚安”，回到电脑前，已经是晚上十点多了，你终于开始干正经事了。

你原以为是两个小时就能搞定的事情，做起来才发现困难重重，这个地方需要权衡和思考，那个地方需要查查资料……于是，你越来越烦躁，从最初的嘀咕慢慢演变成了抱怨，再升级成咒骂。

就这样，原本是能够轻轻松松就完成的事情，被熬得满眼通红的你拖到凌晨四点半才勉强弄完了。

而这一周，因为这件事情没有做完，所以你玩不痛快，也睡不踏实。

而下一周，因为这件事情是着急赶出来的，所以它的质量无法保证，你会因此挨批评，甚至是被要求重做。

你看，在把事情彻底搞砸之前，你总是“作得一手好死”。

仔细想想，其实你最大的敌人就是拖延，它包括了你无法自拔的不健康的作息和饮食习惯，你慢慢养成的侥幸心理和坏逻辑，你行动上的左顾右盼和思想上的瞻前顾后。

如果你能打败拖延，你还怕什么？

拖延不会让你一下子一无所有，但会在不知不觉中减少你的收获；勤奋也不会让你一夜成功，但会在不知不觉中积累成功的资本。

4 /

有个郁郁不得志的年轻人问我：“在北京漂泊了五年，依然一无所有，现在是去深圳或者上海试试，还是直接回老家算了？”

我回复道：“别想着去哪个城市更好，你该想想怎么提升自己的核心竞争力。限制一个人发展的，从来都不是环境。”

一个很有野心的创业者问我：“公司已经成立了一年多，但各项业务还是一团糟，现在是该淘汰一批员工，还是直接让公司倒闭算了？”

我回复道：“别把责任推给员工，多想想自己在管理上的漏洞以及决策上的失误。限制一个公司发展的，从来都不是下属。”

我想说的是，对个人来说，平庸或者卓越，都是经由自己允许才发生的；对公司而言，蒸蒸日上或者步履维艰，也都是经由老板允许才出现的。

很多人一生勤勤恳恳，最终却碌碌无为，有一个很重要的原因是：在最重要的事情或者事情最核心的部分偷懒了。

比如，你风雨无阻地上下班，但上班时的心思全用在影视剧或者明星八卦上；

你尊敬领导，团结同事，善良礼貌，热情待人，但是一做本职工作就马马虎虎，漏洞百出；

你节衣缩食地给自己报了一个学习班，结果上课的时候总是魂不守舍；

你花了大价钱请了一个健身教练，结果拉伸的时候敷衍了事，举铁的时候蒙混过关；

你拿出宝贵的时间回家看望父母，但全程都在把玩手机，或者接打电话；

你殚精竭虑地经营一个小公司，事必躬亲，任劳任怨，但经常无视效率；

你费心费力地开了一家饭馆，花了大把的时间、精力和金钱用于装潢，但根本不在乎饭菜好不好吃……

因为你在最关键的事情上偷懒了，所以你辛苦和努力的结果会大打折扣，甚至是近乎零！

那么，如何判断一个人是否优秀呢？你就看在问题出现时，他是在做选择，还是在做反应。

所谓“做选择”，就是当问题还没有很严重的时候，他知道这样拖下去是不对的，于是主动喊停了，然后调整方向，或者解决问题。

而所谓“做反应”，就是任由问题发展到无可挽回的程度，他终于受不了了，于是爆发了，或者是跟人翻脸，或者是干脆不要脸。

类似的问题是，如何判断一家公司是否优秀呢？你就看员工的工作状态如何，他是动力十足，还是行尸走肉。

所谓动力十足，就是他每天早上醒来就知道自己今天该做什么，知道哪些事情是必须要完成的，哪些事情是需要马上去协调的，并且他很确定，这些努力能给公司和自己带来好处。

而所谓行尸走肉，就是他不知道自己要做什么，不知道怎样才算是完成任务，就是他即便花了大把的时间做完了，他也不觉得这对公司或者对自己的职业生涯有任何的意义。

其实，优秀的人或者公司往往都自带“拖延抗体”。

他们有不吃老本的决心。就算自己做出了成功案例，也还是会选择革新自己；就算已经有了一点儿成绩，也不会因此而故步自封。

他们有和时间赛跑的先见。就算时间还很充裕，也会选择尽早完成任务；就算别人都慢慢吞吞，也不会因此而放慢节奏。

他们有和自己较劲的偏执。就算别人都觉得可以了，也还是要求精益求精；就算今天过得还不错了，也还是会有很强的危机感。

这世间，哪有什么突然间的出类拔萃，都是日积月累之后的正常发挥；哪有什么习惯性的末节崩盘，都是心存侥幸导致的自作自受。

如果有一天，你发现明天要做今天的事情，

后天又要做明天的事情，

那么你的生活距离一团乱麻就不远了。

不是人的脑子只用了 10%，而是只有 10% 的人用了脑子

1 /

如果有人做一个“物种的潇洒程度排名”，我想猫和人肯定会名列前茅。

猫真的很了不起，不论你怎么对它好，它永远都是一副看不起你的样子。

而人更是了不得，花了几万年时间才长出了脑子，却经常选择不用。

替脑子向人类提提建议：别给脑子丢人！

2 /

建议一：不要随便评论别人。

一天中午，阿左突然给我打电话，说他快要气死了。

阿左是一位小有名气的美妆博主，他每天的工作就是在微博上发布一些关于美妆的技巧方法，再不就是发一些独自去觅食的小趣闻，间隙再发几条广告。

他赚得比谁都多，活得比谁都洒脱，然而就在刚刚，一个好久不联系的大学室友突然就联系上阿左了，还一点儿不见外地对他说："你一个大男生做女生的事情，是不是找不到工作啊？""你天天一个人吃饭，是不是没什么朋友？""你长得也一般，怎么有勇气做美妆这个行业？"

一开始，阿左表现得很客气，回复也很认真，比如说美妆是自己的个人爱好，比如说单身是自己的选择，比如说一个人吃饭很享受。

对方却不依不饶，在一通充满了偏见的点评之后，还提议阿左赶紧换个工作，甚至还拍着胸脯说能为阿左安排工作，然后再三强调："男人得有男人的样子。"

阿左越想解释自己这么活着挺好的，对方就越坚定地觉得阿左不正常。

最终，两个人不欢而散。

阿左在电话里问我：“对于这种完全不了解情况，却喜欢品头论足的人，我要怎么才能说服他呢？”

我反问道：“你为什么要说服他？”

其实我想说的是，唾沫是用来数钱的，不是用来讲道理的。

你讲的是“司马光砸缸”的故事，他连听都没听说过，一上来就打断你，然后一脸正义地质问：“司马光为什么要砸缸？他把石头扔到缸里，不就能喝到水了吗？”你还跟他计较什么？

每个人身边大概都有那么几个自作聪明的人。

他们喜欢用居高临下的姿态，用沾沾自喜的语气，用非常有限的见识去评断周围的一切，用他们并不健全的“三观”去套这个世界，套得进去的就是“三观正”，套不进去的就是“三观不正”。

他们对于能理解的东西总是忍不住地卖弄，对于自己不能理解的东西统统视为“不正经”。

他们尤其喜欢对一些自己不了解的东西胡乱评论，反倒是对那些千百年来人类总结出来的宝贵经验和各种专家学者进行的考证都视而不见。

他们凭借自己所剩不多的知识，就敢对自己不懂的东西大谈特谈。

他们遇到看起来不符合自己喜好的人和事就赶紧贬低，好像踩个什么东西就能把自己垫高一样。

所以，无论你活得多么谨慎，总是有人能歪曲你的意思；一件事无论怎么做，都会有人不满意的；一种人生无论你怎么努力，都会有人看不惯的。

更常见的是，在你眼中这是生活，在他们看来纯属浪费；你温柔，他们觉得你太装；你正直，他们说你太轴了；你开朗，他们说你是交际花；你喜欢旅游，他们觉得你乱花钱……

换言之，绝大多数人并不是真的想了解你，他们只是想从你的人生中找出一点儿破绽来。

他们无法想象“世界上居然还有自己不知道的世界”，所以他们稍微遇见一点儿自己不能理解的事情就会四处嚷嚷“太恶心了”。

但问题是，每个人都有自己的航线，站在自己的船上，指点别人的船往哪里开，总显得不是那么厚道。

事实上，你既不可能也没必要让他们对你满意，你只需尽量让你在乎的人和你喜欢的人对你满意就好了。

你只需努力去过好自己认为对的生活，然后尽量不要跟别人强调什么生活是对的；你只需过好你自己的生活就好了，而不是忙着告诉别人“我在干吗”。

就好比说，你只需努力成为世界上最甜的那颗樱桃，但同时明白，这个世界上总有人不喜欢樱桃。

陈丹青曾说过：“没必要让所有人知道真实的你，或者是你没有必要不停地向人说其实我是一个什么样的人。因为这是无效的，人们还是只会愿意看到他们希望看到的。我甚至觉得，你把真实的自己隐藏在这些误会背后还挺好的。”

所以，自己喜欢的，要允许别人不喜欢；自己不喜欢的，也要允许别人喜欢。喜形于色，厌藏于心。

3 /

建议二：不要无视规则。

有一次坐出租车的时候，广播里正报道一起交通事故。

大意是，某男子骑着电动车逆行，与一辆大货车迎面相撞，幸运的是，该男子没有大碍，只是有一点儿擦伤，但他的电动车几乎报废了。

交警给出的处理结果是：事故由该男子负全责。但男子并不认同，广播里还播放了男子的原话：“我这么多年都是这么骑的，别的车都会让着我，这辆大货车凭什么不让着我？他得赔偿我的损失才对啊！”

这时候，一路上都很安静的司机师傅开口了：“你逆行这么多年都没事，那是老天照顾你，不是你做得对。我要是你，我现在就回家烧一炷高香，谢谢老天又饶了自己一命！”

大概是因为太过赞同的缘故，我的脑子里竟然涌出了一个非常冲动的念头：我要请司机师傅吃饭！

无视规则的人给人的印象就是，他的脸看起来很有嚼劲儿。

在这种人的眼里，没有一个红灯是不能随便闯的，没有一条马路是不能任意横穿的，没有一条火车轨道是不能穿越的，没有一片海是不能下去玩的，没有一节高铁车厢是不能吸烟的，没有一架飞机是不能拦的……

在这种人的生活中，没有什么队伍是不能插的，没有什么地方是不能吐痰的，没有什么场合是不能喧哗的，没有什么考试是不能作弊的，没有什么动物园是不能翻进去的……

然而我想提醒你的是，红绿灯、警告牌、警戒线不是为了好看，法律、法规、程序也不是闹着玩的，它们的存在就是为了保护你的身家性命，它们不是为了限制你，不是故意要拖累你，更不是逼着你走弯路或者浪费你的时间。

传奇机长萨伦伯格在将飞机史诗般地迫降到哈德孙河之后，曾说过这样一句话：“航空领域的所有知识、所有规则、所有程序，它们之所以会存在，都是因为曾经有飞机在某个地方坠毁过。”

活在人世间，人就像是在一间小黑屋里摸索。你不知道这间屋子有多大，也不知道屋子里有什么，你只能伸手去试探，遇到烫手的、扎手的，你疼了一下，就知道哪里不能碰了。

但是，如果有人提醒你：“危险的地方，我都替你试过了，现在由我来告诉你哪里不能去，哪个地方有危险，你就听我的好不好？”你肯定会说：“好啊！”

这就是规则！

无论是什么行业，无论是什么身份，都应该谨记：破坏规则的事情做多了，一定是走不远的。

规则很冷酷，也有点儿不近人情。你跟它对着干，它会让你吃尽苦头；但是，当你遵守它，它就是你最可靠的铠甲，能为你挡住生活中的明枪与暗箭。

比如说，你遵守交通规则，它能护你一路平安；你遵守法律法规，它能保你安然无恙；你遵守职场规则，它能让你旗开得胜……

反之，你违背规则，规则就会在你不经意的时候给你致命一击。

你是羊，就得服从牧羊犬的管束，而不是到处抱怨：“为什么要剥夺我的自由，为什么狼不守规则还天天有羊吃，而羊守规则却要天天被剃毛？”你得知道，狼吃掉的正是那些不守规则的羊。

活在人世间，就应该严守界限，遵守规则。在规则之中做人，按契约做事，不伤人，不侥幸，这个世界才不会成为张开的虎口，让每一个人都充满危机。

4 /

建议三：未经允许，不要随便帮助别人。

听过一个让人笑不出来的笑话。说是有个老大爷，老伴早些年没了，他退休之后就经常给自己的初恋写信，很认真地写，很认真地寄，每天心情都很美丽。

他的儿子知道了，被父亲的做法感动到了，就费钱费力地到处登报寻找父亲的初恋，结果硬是把一个满脸是褶、头发斑白的老太太带到了他父亲面前。

从此以后，老大爷就再也没给初恋写信了，美好的晚年也就这么毁了。

这就是愚蠢的善意。

你以为自己是“为了他好”，其实是自我感觉良好地把别人推进了尴尬的境地。

你确实很用心，也确实花了力气，但你没有考虑别人的需求，也没有考虑这么做会造成什么后果。

你以为帮助了别人，自己就是个心安理得的好人；你以为说了几句同情别人的话，自己就能对别人的生活感同身受了。

所谓心安理得，是理得了，才会心安；所谓感同身受，是身受了，才会感同。不要搞错了顺序。

比如，一个拄拐的残疾人，他真正需要的其实是不被打搅，而不是被区别对待。因为你当众对他的关怀备至会让他觉得自己是个需要被人同情的弱者，这会让他觉得：自己很差，而且不幸。

比如，一个得到资助的学生，他真正需要的其实是“无视”，而不是变得众所周知，因为你邀请他上台向师生们公开感谢，或者把他的悲惨生活公之于众，这只会让他觉得：自己很穷，而且丢人。

又比如，有人离婚了，她可能正在为自己脱离苦海而高兴呢，你就不要到处张罗着给她找下家，然后还自以为善良地觉得：“哎，一个人多苦啊！”

又比如，有人失恋了，她可能只是做了一个很痛快的决定，你就不要提醒她“遇到的是渣男”，或者鼓励她“哭出来吧”。

同样的还有，那些风吹日晒去送货的快递小哥，那些在烈日骄阳下吆喝的果农叔叔，那些在热闹街头卖唱的男男女女，不要随便同情他们，更不要随便在脑海里假设他们的不如意。

任何事情，除非是对方主动开口请教，否则不要随便指点别人。不论你是真的比对方高明，还是仅仅是你自以为比对方高明。

任何时候，当事人没觉得怎样，旁人也不必多想。

怕就怕，你的帮忙并没有解决什么问题，而是在制造另外一种伤害。

怕就怕，你的同情并不是因为“我很担心你”，而是披着真诚外壳的“我在看你的笑话”。

人性的丑陋之处就在于：既轻信他人，又充满了怀疑；看似软弱，却又非常顽固；自己的事情打不定主意，却能信心十足地给别人指点迷津。

但实际上，你认为过得不好的人，他们并不需要同情，他们也并不可怜，他们只是工作和你不一样，他们只是想法和你不一样。

他们并不需要你做什么，他们需要的不过是一份不打扰的尊重。

切记，我们站着，不说话，就不会腰疼！

来，跟我一起唱：

小燕子，穿花衣，年年的春天来这里。

我问燕子："你为啥来？"

燕子说："要你管！"

5 /

哦，对了。

已经有无数的科学家相继发声，认定"人类的大脑只开发了10%"只是一句广为流传的谣言而已。

也就是说，我们犯糊涂，我们充满偏见，我们好心做坏事，我们自以为是，不是因为我们的脑子没有完全开发，而是全都开发了，也就这样！

所谓心安理得，是理得了，才会心安；

所谓感同身受，是身受了，才会感同。

不要搞错了顺序。

只有被人念念不忘，才有资格下落不明

1/

谈一场恋爱，有的人变成了猫，特别温顺；有的人变成了老虎，特别嚣张；有的人则变成了被雨淋湿的小狗，特别可怜。

此时正坐在我对面，“戴着”一副黑眼圈的燕子就属于最后一种变法。

两个月之前，燕子和男朋友分手了。对方先追求的她，对方先提的分手。

他们在一起三年六个月零七天，她用尽了最好的三年，换来的只是对方同意“和平分手，互不拉黑”。

刚开始的时候，燕子对前任说：“如果有什么好玩的事情记得跟我分享，心情不好也可以告诉我，如果都没有，一个晚安也行。”对方没有理她，她给对方发了一个“晚安”。

后来，她对前任说：“昨天跑步崴脚了，今天左边小腿都肿了。”对方依然没有理她，她照旧发了一个“晚安”。

直到分手的第四个星期五，她对前任说：“今天加班到晚上十一点多，一个人回家真的很害怕，以前都有你接我。”

就在她准备再发一个“晚安”的时候，她发现对方已经把自己拉黑了。

她不解地问我：“他怎么能这么狠心？怎么说我们也曾相爱过啊。”

我反问道：“你吃过泡泡糖没？不甜了，你是不是就吐掉了？”

她说：“可是，我是真的好喜欢他。”

我回复道：“不管你是蒸（真）的、炒的，还是煮的、烤的，他已经不喜欢你了，你做什么都是咸（闲）的。”

残酷的现实是：他若是爱你，你稍微皱皱眉，他就想带你去看医生；他若是不爱你，就算你为他上吊了，他都觉得你是在荡秋千！

事实上，一个人喜欢你，并不等于只喜欢你，更不等于永远喜欢你。

既然他在说“我喜欢你”的时候，你深信不疑了，那么他在说“我已经不喜欢你了”的时候，也请你不要矢口否认。

你一个人念念不忘是因为曾经很爱很爱过，那段回忆铁证如山。但如今再回想起来，却发现那时的他已经没了踪迹，只剩自己在老故事里明察暗访。

你可以明察秋毫，但关于他的一切，你最好是别再有任何期待。因为世间一切皆可努力，唯独相爱全凭运气。

感情之路上摔了一跤，首要任务就是抓紧时间起身离开现场，而不是蹲在原地欣赏那个让你摔得人仰马翻的坑。

所以，不要被自己的一厢情愿所感动，不要试图从自己身上找出分手的原因，更不要沉浸在分手的痛苦中，误以为这就是对爱情的忠贞。

你得明白，痴情不是美德，卑微不是资本，恋恋不舍也不是功德。有缘无分的时候，好聚好散是最体面的结果。

至于你表现出的深情厚谊，如果他不屑一顾，那很正常。

不是早就有人说了吗？你跋山涉水去见的人根本就不会在乎你，他只会在乎他跋山涉水去见的人。

毕竟，人和人终究是不同的，你冒着风雪送来的晚餐，远不如某某随口的一句“晚安”。

感情的世界就是这样的不公，有的人为了你倾尽所有，你却连看都不愿看他一眼；但有人只是对你微微一笑，却足以让你连滚带爬地为他纵身一跃。

如果某天，他突然问候了你，请你不要觉得自己又有希望了，因为决心要走的人和死人没什么两样。

一个死人跟你搭话，你有什么好高兴的？

你妈把你养得这么金贵，难道是为了便宜别人？

分手就酷一点儿，真的没必要发那么多矫情的话，对方已经不在乎了，你发遗书也没用。

2 /

有的时候，一见钟情就像是飞来横祸。

只是因为在朋友的生日会上遇见了，只是因为寒暄了一句“很高兴认识你”，周小倩就被那个干干净净的帅气男生给迷住了。

她主动加了男生的微信，热情地做了自我介绍。随后的几天，她又不厌其烦地问候对方，并死皮赖脸地邀请对方一起出来玩耍。一开始只是三五成群的朋友聚会，后来就成了他们两个人的私下约会。

暧昧上头的时候，真的像极了爱情。

男生用过她的润唇膏，用她的杯子喝过水，在过马路的时候牵过她的手腕，大小节日都会送上祝福和礼物。

他们一起逛过街、看过电影、做过陶艺，一起在鬼屋里大声尖叫，一起守着零点跨年，他们每天互道早安和晚安，天凉了还会互相叮嘱穿衣保暖。

可就在周小倩以为他们会顺理成章地在一起时，她突然得知，男生在跟他一起做这些事情的时候，是有女朋友的。

周小倩哭成了泪人，在彻夜未眠加上一整天没吃东西之后，她鼓起勇气找男生求证："听说你一直都有女朋友？"

男生只回了一个字："嗯。"

她又问："那怎么没有听你说起过？"

男生的回答依然简洁："你也没有问过。"

然后，她就把男生拉黑了。她觉得愤怒、难过，还有那么一点儿恶心。愤怒的是男生的冷漠，难过的是自己动了真心，恶心的是差点儿成了小三。

当然了，拉黑的目的一方面是为了让自己彻底死心，另一方面是希望对方能来找自己。

然而过了一个星期，男生既没有打听过周小倩，也没有在社交软件上表现出半点儿的忧伤和困惑。

周小倩对我说："我连他一条只有两秒钟的语音都要听几十遍，我的脑子里都是他，一听到他的名字或者看到关于他的消息时，心脏就像是被人打了一棍子，能疼上一整天。然而可笑的是，我拼命地躲着他，而他似乎不受半点儿影响。"

我回复道："玩躲猫猫这种游戏，你得确定有人在找你。"

其实我想说的是，既然你是个打酱油的角色，就不要强行给自己加戏了，当过客要有当过客的自觉。

我知道你意难平，知道你不甘心，你可能会觉得：

"圣诞节的时候，他明明给我发了一段很美好的祝福啊？"

"下雨的时候，他明明就把雨伞都歪在我这边了啊？"

"吃饭看电影的时候，他明明就说我喜欢哪个就选哪个了啊？"

脾气上来的时候，你恨不得揪着对方的衣领把一切都问个明白。

直到有一天，他牵着另一个人的手出现在你的面前，你这才清醒过来：

原来，他礼貌地回应是因为自己加上了"他喜欢我"这种特效才显得那么暧昧的。

原来，他陪着自己不是因为喜欢自己，而是因为他那段时间没有人陪；他和自己那么聊得来，不是因为自己特别，而是因为他和很多人都聊得来。

原来，他和自己擦肩而过并不是哪个神仙的巧妙安排，他对自己微笑也并不是一见钟情了，而可笑的是，自己却在思考：要不要假装矜持一下再接受他，要不要约他去最喜欢的小店里吃炸鸡，要不要给他生一对儿女再做个贤妻良母。

其实，他不是欲擒故纵，他只是需要人陪。就好比说，一个溺水的人会把救命稻草紧紧搂在怀里，但他喜欢稻草吗？未必，换成树枝、木头、海绵，都可以。

他就像十点五十的飞机，像一天一趟的火车。他来晚了，你愿意等他；但你来晚了，他就走了。

如果你愿意一层一层地剥开他的心，你就会发现，里面有他的新欢旧爱，有他的英雄梦想，就是没有你。

你只是偶尔被人需要，并不是一直都很重要，而之后的你呢？

明明知道这是个连点赞之交都无法成为的人，却还是会间歇性地因为他而出神；

明明知道他的生活好坏、品位高低都跟自己毫无关系了，却还是忍不住想知道他的近况，想吐槽他的穿衣打扮。

甚至还会矫情地四处诉说：“我还是很喜欢他，我用尽了所有的办法，可还是离他越来越远，该怎么办啊？”

真的不能怎么办，你既然已经用尽了办法，那就只能接受和他“有缘无分”的结局。你总不能天天去他的门口跪着，然后对他说：“求你了，喜欢我一下吧。”

他一边拿着刀枪棍棒反反复复地伤害你，一边责怪你“怎么都这么久了，还没有练成刀枪不入的神功”。

而你还想着替他解释，为他解围。就好比说，他对你开了一枪，为了不让他愧疚，残存一口气的你又给自己补了一枪，然后安慰世人说：“看，我是自杀，跟他没关系的。”

嗯，人类都一个德行，不喜欢就作威作福，喜欢就自轻自贱。

不如就酷酷地说一句：“以前打搅了，以后不会了。”

然后，趁早死心，趁早开心。

你得熬过那些黑漆漆的夜晚，你得把那些自怜自怨的念头从脑袋里赶出去。

然后，在第二天早上照常起床，假装什么事都没有发生过一样出门见人，继续去追求你的喜欢和热爱。

遇到一朵烂桃花了，你歇斯底里没用，夜不能寐没用，恋恋不舍没用，唯一有用的是，干脆利落地终结它。

说不见面就真的不要见了，说拉黑就真的别再挂念了，你不能三天两头地背叛自己。

别说自己忍不住联系他，别说自己没办法走出来，只要摔得够狠，每个人都有关机键！

3 /

有人在高铁车站偶遇了前男友，她瞬间被吓得浑身发抖，她一边用力地压低帽檐，一边拽着行李箱往人多的地方窜，像个逃犯一样慌不择路。

她说自己也觉得奇怪，“明明他是个人，却像是见着了鬼”。

有人在新公司的电梯里看见了前任，他盯着前任看了好久，但对方显然不想认出他来，而是全程在和旁边的男生闲聊午餐要吃什么。

他说从来没有那么难过过，“以前，没有什么比见到她更开心了；现在，没有什么比见到她更难过了”。

有人在飞机里看见了前任，他们在同一排的两个靠窗位置，巧的是中间没有乘客，但他们假装没看到对方，各自玩着各自的手机。

快要降落的时候，男生突然对她说："你的外套掉地上了。"她微笑着回了一句"谢谢"，然后掐着自己的大腿低声说："要冷漠，要冷漠。"

有人在分手的第三个月遇到了那个被自己伤害过的女孩，第一反应居然是慌忙地把手上的烟藏起来。

直到看到女孩一脸的错愕，他才意识到，女孩早就不是自己的女朋友了，也早就不管自己抽不抽烟了。

有人和一位老乡谈了整整八年恋爱，从大学到职场，他们在异地抱团取暖，但后来还是分开了。

每次听说女生回了老家，老家这座城就成了他的禁地，不敢踏足半步……

关于前任，没有攻略，为数不多的有用招数叫"断尾求生"。从今往后，我们兵分两路，你去找你的李师师，我去找我的梁山伯。

一个合格的前任应该是这样的：

像死了一样消失在彼此的生活里；不诋毁对方，也不诋毁自己；接受了对方已经不爱自己的事实，甚至接受了对方可能从来没有爱过自己的假设；知道这段关系是双方心甘情愿开始的，对于这段关系的终结也愿意负责；知道这场无疾而终的爱情并不意味着浪费了时间，而是说明彼此都有了充足的理由去重新开始。

怕就怕，在一起的时候，你千方百计地去寻找对方不爱自己的证据，而分开之后，你又用各种微不足道的东西来证明对方还爱着自己。

你失眠、难过，不想吃东西，做什么都想大哭一场，你近乎病态地对折磨自己上瘾，就好像折磨自己才能彰显自己忠于爱情。

多照照镜子吧，你这一副毫无生气、满脸幽怨的模样，傻子才会喜欢你！

生活中难免有遗憾，难免会有失去，难免会有被辜负，你要做的是朝前走。

就好比说，你正在做听力考试，某个地方没听懂，或者错过了，失误了，你要做的事情不是一遍一遍地反复推敲错过了什么，而是要把注意力放在后续的部分。

生活要朝前走，扑面而来的问题多着呢！

你不在乎，就不容易被伤害；你变优秀了，就会遇到更优秀的；你有了底气，就不会介意孤独；你不介意孤独，就能做到宁缺毋滥。

既然你是个打酱油的角色，
就不要强行给自己加戏了，
当过客要有当过客的自觉。

当你知道要去哪里的时候，全世界都会给你添乱

1

有人发了一个朋友圈，吐槽最近的鬼天气：“这老天爷是不是故意整我？一到下班时间就下大雨，难道我是传说中的‘招雨体质’？”

底下有人留言：“如果真有那么灵验，我想跟你约一下，我的老家正在闹旱灾，你可以过来住一阵子吗？酬劳按照降水量计价。”

这当然只是一句玩笑，但其实有很多人都有这样的错觉：一出门，就到处堵车；一下班，就马上下雨。

但实际上，你不出门的时候也堵车了，你上班的时候也下雨了，只是因为没有影响到你，所以被你忽略了。

类似的还有，你想减肥，一定会有人要请你吃大餐；

你想存钱，一定会看到自己特别喜欢的包包；

你想跑步，一定缺一双跑鞋或者一个伙伴；

你想加班，一定会有人找你逛街；

你想看书，想学习，那么这个世界马上就变得有趣起来，任何的风吹草动都能吸引到你。

现实让人讨厌的地方就在于：当你不知道要去哪里的时候，就觉得全世界都在给你让路；而当你知道要去哪里的时候，就觉得全世界都在给你添堵。

比如说，当你不想登月时，月亮就是风景，你就可以诗意地诵读："明月几时有，把酒问青天。"

而一旦你有了登月的想法后，那问题就太多了，比如地球到月亮有多远的距离？比如该用什么样的飞行器？比如到了月球该怎么呼吸？每一个都是世纪难题！

又比如说，当你还没有开始假期时，你就会假想自己会读很多书，会背很多单词，会去很多个远方。

而一旦你放假了，拿到书了，你就需要克服短视频或者游戏的诱惑；一旦你翻开单词本，你就需要忍受背诵的痛苦和乏味；一旦你准备出游，那么你就得为出行时间、出行资金，以及选交通工具、选酒店、选路线而伤脑筋。

换言之，很多状况都是有了目标之后才被你注意到的，等你遇见了，就以为一切困难都是独独为自己准备的，就好像全世界就只有你一个人被命运扼住了喉咙。

实际上，只要你有了变好、变优秀的念头，只要你还有目标，有想去的远方，那么让你崩溃的事情还有很多，而且还会更难。

人一旦明确了自己想要什么，就一定会遇到各种各样的阻力。

它可能是外部原因，比如偏见、猜忌，好意的提醒、多余的关心，以及小气鬼们的“见不得别人好”。

它也可能是你自己的原因，比如懒惰、拖延、见识、格局，看不到结果时的犹疑、困难面前的胆怯、面对选择时的为难、无可救药的三分钟热度，以及“矫情癌”犯病时的自我可怜。

所以我的建议是，越是期待一件事有好的结果，就越应该做好准备去迎接可能不好的一切。

如果你每次都把“我为什么要这么做”切换成“我为什么不呢”；如果你每次都把“怎么倒霉的又是我”切换成“从这件倒霉的事情身上，我学会了哪些东西”；如果你每次都把“凭什么好事都落在别人身上”切换成“别人是怎么做好这件事情的，如果机会给了我，我能做到吗”，那么，你早晚会混出名堂来。

周国平曾说过：“就算人生是出悲剧，我们也要有声有色地演这出悲剧，不要失掉了悲剧的壮丽和快慰；就算人生是个梦，我们也要有滋有味地做这个梦，不要失掉了梦的精致和乐趣。”

你也只有一个一生，要好好活过，才知好歹。

所以请你坦然地接受当下的平凡和麻烦，但坚定地拒绝平庸和偷懒。

就算是败了，也好过不战而降。

就算是“竹篮打水一场空”，你也会惊喜地发现，竹篮已经被洗得干干净净了。

在生活中，当你的身体还没有屈服的时候，你的灵魂就屈服了，这是个耻辱。

2/

想起一个男生的私信，他问我：“男生可以喜欢粉色吗？”

我回答道：“当然可以。”

他又问：“那你觉得，自杀的人是想不开了，还是想开了？”

当我还在思考这两个问题有什么关联的时候，他的第三句话就“砸”了过来：“前天晚上，我自杀了，但被救过来了，我不知道下次会不会有这么幸运。”

看到“自杀”这两个字的时候，我着实吓了一跳，但看到他把“被救过来”描述成“幸运”，我隐约觉得，他其实并不想死。

我问他经历了什么，他却反问我：“你觉得活着有意思吗？”

我说：“我觉得还是挺有意思的，毕竟每天都是因为不同的原因想死。”

然后，他回了一长串的“哈”字给我，话匣子也就此打开了。

聊了一会儿才知道，男生毕业不到一年，目前在一家私企做策划。每个晚上，他会因为焦虑而辗转难眠；每个白天，他又会因为睡眠不足而萎靡不振。

他和两个不太熟的外地人挤在十几平方米的出租房里，晚上不好意思开灯，白天又不想开窗户，就算是睡着了，也不过是从一个噩梦做到另一个噩梦。

他对现状很不满意，但又不想回老家。他宁可在臭烘烘的蚊帐里吃最便宜的面包度日子，也不愿回去被趾高气扬的大姑大姨们当成教育子女的反面教材。

他说他从小就被父母灌输了一种消极的观念：“我们比别人穷，比别人弱，所以我们不能惹事，不能没礼貌，尤其不能失败，否则别人就会更看不起我们。”

他的人际关系也很糟糕，既没有魅力和别人打成一片，也没有底气谁都不理。有人要是对他好了一点点，他满脑子装的是怎么去报答人家；可一旦有人对他皱了眉，那他就会耿耿于怀好几天。

他每天都活在深深的自我厌恶当中，每天都能讨厌自己十次以上，每次都能在自己身上找出十个以上叫人绝望的缺点，每件小事都能让他找出自责的理由。

他自杀的导火索仅仅是因为那天晚上煎蛋的时候把鸡蛋煎煳了，他觉得自己特别没用，什么都做不好，就像一个花了二十年时间才塑造成型的残次品。

他说："我想成为父母的骄傲，我想过上喜欢的生活，可是我根本就没有办法。我的出身、长相、情商、收入，没有一样是拿得出手的。"

我回复道："这很正常，这至少说明你还不想认命，说明你对人生还有要求。在我的认知范围里，每个有上进心的人都很辛苦，都在为自己的目标拼命，都想让生活心服口服地对自己说一句：'好，这些都给你。'如果觉得自己在某些方面不如别人就要自杀，那地球上恐怕就只剩下一堆狂妄之徒了。"

如果恐惧未知，你就别想要改变现状；如果志在山野，你就别想位高权重；如果谋求声誉，你就不要介意江湖险恶。

人生本来就是一个麻烦接着一个麻烦，每个阶段都会有对应的麻烦，这个世界不会因为你只是个打工的，就让你的麻烦少一些，也不会因为你当上了老板，就让你的麻烦少一些。

不同之处可能是，打工的想从月薪八千变成月薪三万，而老板想的是从民营公司变成上市企业，都很难。

没有哪份工作是不麻烦的，没有哪种人生是不辛苦的。只要你想变好就会有焦虑，这是混吃等死的人理解不了的。

至于别人的父母为他全款买了房子，别人的亲戚托关系为他安排了好工作，别人住在豪宅里想方设法地花钱，别人嫁或者娶了一个一掷千金的富贵人家……这些都跟你没有关系。

事实上，你的人生并没有因此变糟。真正让你觉得变糟的，是你自以为“被同龄人抛弃了”的焦虑和自以为“就自己命最苦”的悲观。

所以我的建议是，多交几个能聊天的朋友，多读几本能增长见识的好书，多养成几个能够长期坚持的好习惯，把心沉下来，把注意力放在自己身上，把心思都花在变优秀上。

你只有迈出脚步，才能知道面前的那些横七竖八的石头，到底是绊脚的，还是垫脚的。

3 /

很多人觉得生活很糟心，原因无非是：不肯依赖别人，自己又不争气；非常有上进心，却又缺少耐心。

比如你。

你对自己的现状很不满意，你希望自己有好成绩，有好品位，有好长相，有丰富的知识和阅历，有广阔的圈子和人脉；你希望自己能够坚持健身、节食、规律作息，希望自己做事有始有终、有执行力、有时间规划；希望自己坚强乐观、勤劳果断。

结果是，你想要做的事情越来越多，你的人生目标越定越高，你的渺小感越来越强烈，你的无力感越来越失控。

你越来越擅长做人生规划，同时又越来越受不了比自己优秀的人；你越来越觉得自己倒霉，以至于你什么都还没有开始做，光是想一想就已经筋疲力尽了。

感觉就像是，灵魂精心谋划了一场重大战役，而身体却早就做好了叛逃准备。

很多时候，“想要的太多了”“想要的太急了”，都会变成“得到”的阻力。

如果你有大目标，那就把它分解成：阶段目标 1+ 阶段目标 2+…+ 阶段目标 n，然后亲力亲为，尽心尽力。

把每一个今天过好，就是很好的一生。

我所理解的“很好的一生”是：今天要做的事情都做了，今天要爱的人都爱了，今天想吃的东西都吃了。

很多事情并不是“我想”就可以，毕竟，这世界上总有一些没有办法的铁石心肠，总有一些毫无希望的铁壁铜墙。

比如说，你有一个变瘦的目标不等于你就会变瘦，你爱读书不等于你知识渊博，你想变得更好不等于你就会变得更好。

想瘦和会瘦之间，隔着无数的高度自律；读书和知识渊博之间，隔着无数的学而不厌；希望变好和真的变好之间，隔着无数次的不屈不挠。

也就是说，你当前最重要的事情，是确定自己真的是在往前走。

而我的建议是，你想变得更优秀，那就先把手头上的事情做完，而不是抱怨领导有眼无珠，控诉同事没有鼎力相助，以及赌气式地说打算哪天辞职。

你想跑步，那就先把跑鞋换上，而不是想着要和谁做伴一起跑，要靠跑步瘦几斤，以及要发一个怎样的朋友圈。

改变世界不必大刀阔斧，小碎步也可以光芒万丈。

就好比说，“如何走出人生低谷”的标准答案永远是：多走几步。

“如何改变命运”的标准答案永远是：马上开始。

“如何努力才能变厉害”的标准答案永远是：保持努力。

怕就怕，你只是漫无目的地耗完了一生，你活着只是在“等死”，你漫长一生所做的一切事情，仅仅是“随手就做了”。

唯你最深得我意，也唯你最不识抬举

1/

又是情人节，商场门前正在搞活动。

造型夸张的主持人用沙哑的嗓音卖力地对路人喊：“请拿出你的手机，打给好久不见的那个人，我想唱一首《你最近好吗》给他听。”

妮子当时正在和闺蜜闲逛，听到这番话，她竟然鬼使神差地拨了一个快要荒废的名字。

结果提示音是“你拨打的用户已停机”，见妮子一脸落寞，闺蜜则不留情面地怼了一句：“那种渣男有什么好的？”

妮子咯咯地笑：“嘿嘿，渣男可好了，用面包糠裹上，用热油炸，隔壁的小孩都馋哭了。”

男生在高中时并不渣，甚至还有几分可爱。

语文老师讲到《西游记》，他就举手问老师：“如果把紧箍咒套在如意金箍棒上面，一个变小，一个变大，老师您觉得哪件宝物会赢？”

语文老师盯着他看了好一会儿，字正腔圆地蹦出六个字：“你给我滚出去！”

物理老师讲完了“万有引力”，就问大家有没有什么地方没听懂，他就站了起来问：“老师，我想知道牛顿的头发是在哪儿烫的？”

教室里瞬间就炸开花了，物理老师的嘴巴都要气歪了，指着教室门对他说：“去把你的家长叫来！”

虽然老师不怎么喜欢这个调皮的家伙，但在妮子眼里，他会发光。

男生是在高考之前的一个月向妮子表白的，妮子则是在高考之后决定跟他谈恋爱的，因为她怕耽误两个人备考。

然而，由于高考成绩相差太多，妮子北上去了北京，而男生则留在了当地。

妮子并不介意他的家境，不介意他“没那么上进”，甚至不介意他“没那么频繁地联系自己”。

一开始，距离确实产生了美，但后来，距离产生了第三者。

妮子是通过一个老同学才知道的。老同学问她：“你们是什么时候分手的？”

妮子被问蒙了，结果对方给她发了一张照片，是那个男生和另一个女生手牵手。

妮子马不停蹄地找到了男生，在繁华的街上，情真意切的见到了见异思迁的。

妮子努力表现得很平静：“现在打电话给她，说你们分手，或者现在就告诉我，说我们分手。”

男生支支吾吾了好半天，妮子转身就走了。她心里有一半是愤怒，另一半是羞愧，因为她突然意识到：不被爱的那个才是第三者。

那天也是个情人节，街上的灯光满分，恋人的笑容满分，而妮子的绝望和她喜欢他的这些年，对比之下的残忍程度也是满分。

她不记得自己是怎么把自己“搬回”学校的，但她记得自己一路上收到了很多句“对不起”。直到临睡前，妮子回了一句“没关系”，然后就把男生拉黑了。

她的“没关系”不是原谅，而是“再也没有任何关系了”。

人这一生，除了要有一次一见钟情，还应该允许自己有一次瞎了狗眼。

当初的你觉得当初的他是“宇宙无敌好”，就像你攒了一年的零花钱也买不起的限量版的白鞋，就像你肚子饿扁了时看见别人的桌子上摆着的奶油蛋糕。

你一直为他紧张，就像一块发条紧绷的怀表，在无数个白天晚上为他精准计时，只为等到他匆忙的一瞥。

在被他捧在手心的那段短暂时光里，你想到了“永远”，想到了“孩子以后在哪里上学”，想到了老的时候一起去哪里养老，但你没想到的是：上天制造的般配居然是批量生产的——你这边不方便使用了，他马上就能换一个。

你以为他的心是独独为自己布置的房间，却不料他多情多到可以开一家连锁酒店。

你以为抓住了他的手就相当于抓住了他的心，但没想到他是只浑身长手的章鱼。

糟糕的恋人给你的最大伤害，不是给了你一段糟糕的人生经历，而是会让你误以为，“爱情也不过如此，自己更适合单身”。

就像骗子对我们最大的伤害，不是这一次上当受骗造成的损失，还包括在将来再遇到好人时，你会心生疑惑：“他怎么会这么好？是不是有什么问题？”

但我想提醒你的是，与一个糟糕的恋人分手，它仅仅意味着，关于自己的这一生，那个人的参观权利到此结束了。

而你还是会继续热爱生活，逗某个人笑，或者被某个人逗笑；

还是会为了喜欢的人花尽心思，然后绞尽脑汁地吸引他的关注；还是会认真地付出爱，然后勇敢地接受爱。

不同的是，你的感情不再寄人篱下，你的表现更加淡定从容。

从此以后，看着他的朋友圈或者微博，你再也没有留言互动的冲动了；看着他生气或者难过，你再也不会有安慰他的念头了；看到好玩的东西或者看见了惊奇美景，不会再想着和他一起看了。

他过得好，你不会吃醋了；他过得不好，你也不会幸灾乐祸。

他的荣辱得失再与你没有半点瓜葛，你的喜怒哀乐从此与他毫不相干。

活到现在这个年纪，你不能再寄希望于谁的“对不起”了，你得被“对得起”。

2 /

阿木失恋了，跑到我家来要酒喝。他大口大口地往肚子里灌，恨不得把酒瓶子都塞进喉咙里。

连打了几个嗝，他终于停了下来，一脸哀怨地对我说：“老杨，怎么办啊？我求了她一整天，她还是决心要跟我分手！”

我回复道：“恭喜你啊，花了这么长的时间，终于耗尽了她对你的所有喜欢。”

他们在一起已经大半年了，在这段时间内，阿木每隔一段时间就会提一次分手。不管大事小情，但凡不合阿木的心意，他就想结束这段关系。感觉就像是，今天起风了都能怪到女生身上。

女生倒是很痴情，每次都会主动认错，以至于阿木常常跟大家吹嘘，说这傻姑娘这辈子都不会离开他。

阿木出差，女生隔三岔五就会给他打电话，但阿木几乎不会接听，就算是在闲逛，他也是直接挂断。旁人提醒他接一下，他说：“又没有什么要紧的事情。”

平日里，女生路上看到好玩的、好吃的东西就会跟阿木分享，阿木每次都是扫一眼就过去了。从来不会回应一下，说一句“好看”或者“喜欢”。有时候女生会追问几句，他就不耐烦地说：“你怎么那么多话啊？”

阿木双手使劲地抓着自己的头发，表情很痛苦地问我：“她怎么突然就下了这么大的决心呢？”

我回答道：“准确来说，她不是突然决定的，而是经历了无数次难过、无助和失望，才对你绝望了。只是你没有看见罢了。就像堤坝，没有人注意裂缝正在变大，人们能看到的只是溃堤的那个瞬间。不是她没有坚持下去的耐心，而是你从来没有给她坚持下去的希望。”

白天找你，你说晚上聊；晚上找你，你又说你困了；上班找你，你说下班聊；下班找你，你又说你累了。

那她还有什么“资格”赖着你？你又有什么好抓狂的，不就是喜欢黏着你的那个傻瓜突然不傻了吗？

我想说的是，感情是需要回应的，如果你真的没有时间，托个梦也行。可有些人啊，刚说完“我爱你”，就像死了一样，甚至都没来得及掌握托梦的技能。

她把细枝末节都说了好几遍，然后带着一百二十分的期待去问你：“所以，你觉得怎么样？”

而你却一脸茫然地反问道：“啊？你问了什么？”

她哈欠连天，扛着强烈的睡意就只是为了多和你闲聊几句，而你却以为她只是喜欢熬夜。

她不在你身边的时候，给你发消息，你要么是不回，要么是过好久才回，等意识到对方生气了才解释说自己没看手机。而她在你身边的时候，你却一天到晚捧着手机。

她跟你分享的一切，你都不去回复；她跟你讲的每一句话，你都不曾认真去听。

她的心事得不到回应，她的吐槽收不到反应，她的碎碎念也全都石沉大海。

她问了几遍，等了你好半天，她不知道你是掉进厕所了，还是在食堂吃饭的时候和别人打起来了，又或者是洗澡的时候被外星人抓走了。

如果你很忙，没关系的，你可以告诉对方自己在忙什么，而不是突然就消失了；

如果你没有时间细说，也没关系，你可以告诉对方“大概多久能够忙完”，而不是让对方漫无边际地等着。

就算她的脑子里有良田万顷，也会因为你的漠不关心而荒芜。

别忘了，“冷暴力”的伤害常常是“讲清楚”的一万倍。

我承认每个人都很忙，都有各自的言不由衷和身不由己。

但是，你在忙完手头的事情后连回一句微信的时间都没有吗？

你消失了一天，连向对方说一下自己的行踪的心思都没有吗？

你有事情不能按时回家，连提前和对方说一声“不用等”都不行吗？

嘴巴可以说谎，但细节不会；爱可以积累，不爱也能。

得不到回应的次数多了，她就无法确认这份爱是真实存在的了。而你所有迟到的安慰、迟到的回应、迟到的陪伴、迟到的誓言，在错过了被需要的时间点之后，就已经没有任何意义了。

换言之，她离开你的勇气，都是你一点一点给的。她一次一次给你下的台阶，最终铺成了一条让她渐行渐远的羊肠小道。

呐，可乐记得加冰，爱情记得走心！

3 /

不要再吐槽她敏感了。

你睡醒了会联系她，忙完了会告诉她，在绝大多数情况下，事事都有交代，件件都有着落，她怎么可能会疑神疑鬼或者患得患失？

不要再抱怨她对你不够热情了。

她花的都是自己赚的，用的都是自己买的，生病了都是自己去医院，孤独无聊了都是自己熬，她凭什么要对你热情洋溢？

难道就因为你隔三岔五地说一句“喜欢你”和“我想你”？

也不必假惺惺地说什么“你以后一定会遇到更好的人”这种鬼话了。

她连你这种普通货色都留不住，遇到更好的人又有什么用？

你这辈子犯的最严重的错误就是，在她什么都不图的时候，你却让她绝望了。

你缺席了太多“我需要你”的时刻，所以你的“我爱你”和“我想你”就显得非常廉价。

你不知道的是，她忍住了多少次想跟你说话的冲动。

她的一句“那你先忙”包含了“我想你了，你在干吗？我想见你一面，吃个饭或者聊会天，但我又怕打搅了你，怕耽误了你的工作，所以我会自己去吃饭，自己把情绪收拾好，你也不用为我担心，我没什么事，你就忙你的吧，等你忙完了，记得立刻、马上跟我联系，因为我真的好想你”这么多字。

你不知道的是，你的“晚安”和她的“晚安”根本就不是一个意思。

你说“晚安”的意思是：“我不想跟你说话了，我还得和别人聊天，还得玩手机、打游戏，你赶紧去睡觉吧，别那么烦人了。”

而她说“晚安”的意思是：“我现在确实好困，但我还是想找你聊聊天，如果你还有什么想跟我说的，我晚一点儿睡觉也没关系的。”

你不知道的是，这是她这辈子最浪漫、最勇敢，也最孤注一掷的时候。

她问你“吃了吗”，不是真的问你吃没吃饭，实际上是在说“我想你了”；

她问你“在忙吗”，不是真的问你工作多不多，而是问你“有没有空，有的话，陪我聊几句”。

她问的不是问题本身，而是问你的生活中她没有办法参与的那部分。

对你来说，吃饭、聊天、走路、天气、睡觉都是可说可不说的小事情，但对她来说，那些都是精彩的花絮，是值得玩味的彩蛋。

这个爱你的人爱得有多辛苦，因为她太为你着想了，以至于时间一久，你自己都忽略了她的辛苦。就像是，糖水喝久了，你以为喝的水就应该是甜的。

其实，每个人的心底都有一个小孩，这个小孩往往和一个人的表现正好相反。

比如，某人表现得很成熟，那心底的小孩就可能很幼稚；某人表现得很强势，那心底的小孩就可能很需要关怀。

然而，在一次次的伤害和辜负之后，这个小孩就会冲出来，拉着这个人的衣角，皱着眉头说："我们走吧，我好痛苦。"

就像当年，这个小孩曾红着脸拽着这个人的手说："我们去找他吧，我好想他。"

如果有一天，你的爱情经营不下去了，我希望你可以摸着良心说："我能做的努力，我都做了；我可以做的让步，我都让了；该我做的改变，我也改了。我对得起最初的萍水相逢，也对得住最终的一刀两断。"

4/

哦，对了。再强调一次，不要在寂寞的时候和一个没那么喜欢的人谈情说爱。

你要记住：长得越美，责任越重。

就算有人与你立黄昏，他也不过是一位和你一样等红绿灯的路人。

就算有人问你粥可温，他也不过是个迟到了却想得好评的送餐员。

你才二十啷当岁，外卖不允许迟到，但爱情可以晚一点儿。

就算你是对的，也不用非得证明别人错了

1/

和虹小姐一起喝咖啡，聊完正事，我们就各自玩了一会儿手机，她突然就笑得前仰后合。

我问她是不是该吃药了，她捂着嘴巴笑："刚知道有人在背后说我的坏话，想想就觉得好好笑啊。"

我提醒她一楼有个大药房，她笑得更大声了。

说她坏话的其实是她的同事，暂且称她为A。

A平时跟谁都聊得来，待人处事也礼貌周全，但大家对A的印象是"太圆滑"。A从来不会当面指出谁的缺点或者错误，也从来没有跟人发生过正面冲突。

但是，如果某人不在场，她就会指点一二，然后说三道四，等

别人出现了，她马上就笑脸相迎。而别人完全不知情，甚至还拿她当好人。

我问虹小姐：“别人说你坏话，你怎么比听到好话还开心？”

她说：“当然开心了。如果听的人跟我一样，也觉得说坏话的人人品不行，那她说什么都不会有人信，反倒会让人觉得她好假，那她相当于是自掘坟墓了；但如果听的人相信了她说的坏话，那就相当于帮我认清了另一个坏蛋，我得给她写一封感谢信。”

我又问：“然后呢？你打算怎么对付她？”

她撇了一下嘴巴说：“我有那么多要紧的事情要做，哪有闲工夫理她。我跟你见完面，下午回去还得整理报告，晚上还得加班。有时间的话，我去争取升职加薪好不好？我去看个画展好不好？”

听完虹小姐说的这段话，我恨不得起立为她鼓掌。但我还是追问了一句：“难道一点儿影响都没有？”

她当时正好把一块甜品送进嘴里，咂巴了一下嘴，然后很轻松地说：“除了让我知道她是一个完全不可以做朋友的人外，没有任何影响。”说完开始猛夸这家甜品“好吃到爆”。

坏人说你的坏话，其实是在帮你恢复名誉。

爱在背后说坏话的人常常是这样，人前卖乖，人后使坏，前一秒还在狠狠地戳别人的脊梁骨，后一秒就能热情得像是要与人义结金兰。

他们喜欢嚼舌根，但往往很会做人；他们懂得左右逢源，而且善于溜须拍马；他们表面上跟谁都是好朋友，但背地里时不时来捅刀子。

但是，他们没有当面与你辩驳的底气，没有证明你确实错了的充足证据，也没有与你撕破脸皮的决心，所以他们只能在背后搞些小动作。

对于这种人后从不说人好话，人前却尽得好人缘的人，能离多远，就离多远。

不要去追问对方为什么讨厌自己，也不要枉费心思去改变他对自己的看法。你是什么样的人，和你相处过的人自然会知道。

诋毁常常是因为嫉妒，而嫉妒常常是因为自愧不如。

有时候，你光是“存在”这件事就会刺痛一些人。你甚至不用特别耀眼，也不用和谁发生摩擦，仅仅只是因为你出现了，你在那里，就会衬托出某些人生命中的伤与痛。

你无力改变这种局面，也不必对此负责，毕竟那些人从前经历了什么，都与你无关。

如果你每次都会因为别人的蠢话而气得要死要活，那么你这辈子就会不间断地遭受情绪的洗劫；如果你每次都把时间浪费在解释自己上，那么你的快乐账户会常年显示余额不足。

如果你生谁的气，就想一下自己是不是太把对方当回事了。然后你就再追问自己一句：他算什么？

被人说三道四是常有的事，古人早就说过："能受天磨真铁汉，不遭人嫉是庸才。"

你只需心无旁骛地做好自己的事情，那结果就会变成："两岸猿声啼不住，轻舟已过万重山。"

呐，知道得越少，睡得越香！

2/

有个女生曾在微博里向我吐槽，开头的一句话是："奇葩年年有，今年特别多。"

她说的奇葩是个刚认识不久的男生——表姐的一位同事。

有一次，女生和表姐逛街，路上遇见了这个男生。男生就跟她们闲聊了几句，然后主动加了女生的微信。

这只是两个人的第一次见面，而且是偶遇，而且闲聊也不过五分钟而已。结果当天晚上，男生就用一种“我们已经很熟了”的语气给女生发微信，问她有没有男朋友，家里有几口人，父母是做什么的……

女生觉得男生可能是想追自己，但碍于男生没有表白，所以也没法拒绝，只能婉转地表示自己不想透露太多个人信息。

男生并不识趣，继续问东问西，女生则故意回复得很慢，回答得也很敷衍。女生的内心想法是：这个人毕竟是表姐的同事，不回复显得自己太没有礼貌了。

结果有一天，表姐突然问女生：“听说你和他进展得不错？”

女生一下子就炸毛了，然后非常努力地澄清，她把事情的来龙去脉说给表姐听，并希望表姐能够代为转告一下：自己对那个男生毫无感觉。

也就是表姐把女生的态度转告给男生之后，男生突然给女生发了一段长达三千字的“酸文”。先是深情款款地描述了自己怎么对女生一见钟情的，然后诉说他到底有多喜欢女生，再“控诉”女生：“你怎么能对我没感觉呢？”“我这么努力地向你靠近，你怎么就那么狠心地推开我呢？”

结尾则是无比委屈的语调：“既然你这么无情，那我只好选择离开，给你全部的自由……”

女生看完之后，觉得身上的鸡皮疙瘩掉了一地，但很开心，因为男生总算是不纠缠自己了。

然而，女生万万没想到的是，男生居然特地向她表姐诉苦，还在朋友圈里说女生玩弄了他的感情。

尽管表姐再三向男生强调“她不是那样的人”，但男生始终以“我是受害者”的语气说女生的诸多不是。

女生对我说：“恶心就恶心在，我什么都没做，就当了一回浑蛋，他凭什么那么说我啊？”

我回复道：“无论你再怎么表里如一，在别人嘴里也是各不相同。所以笑笑就好，放在心上，他还不配。”

“如何让所有的人都喜欢自己”的标准答案就是：别把不喜欢自己的人当成人就好了。

如果他仅仅只是对你表现了不友善的一面，对其他人都很友好，那么你揭穿他的后果可能是，大家都认为问题出在你的身上。拆穿多没意思啊，你还是笑着看他演吧。

生活有时候会跟你开个玩笑。它会派一个假模假样的人出现在你的生命中，然后让他喜欢上他想象出来的你，等他的想象在某天破灭了，他的喜欢就会马上变成唾弃：“啊，真没想到你居然是那样的人。”

可实际上，你一直都是那样，什么都没做，就声名狼藉了。

可你就是你啊，怎么选，怎么活，那都是你。至于别人怎么看，怎么说，那不重要。

不要因为别人说你不好就觉得自己真的哪儿哪儿都不好，有些不善良的人最喜欢做的事情就是让你怀疑自己。

即便你为了某个人而做出改变了，也会有另一拨人觉得改变之后的样子不好。

恶意不会因为你不停地做出改变就停止下来。

也不要试图纠正对方，更别想用辩论的方式改变他的看法。

和一个坏蛋辩论对错或者正邪，就像在和一只鸽子下国际象棋，即使你的每一步都合理合规，对方只用一招就够了——他会弄乱棋子，并在棋盘上拉屎，然后用一种胜利的姿态在棋盘上昂首挺胸地踱着方步。

我多次强调“别和猪打架”，之前的理由是“利益问题”：因为赢了没什么好骄傲的，输了实在丢人。

现在的理由是“喜好问题”：因为打完之后，你肯定忍受不了浑身臭泥的气味，而猪却乐此不疲。

假如有人在背后说你的坏话，而旁边还有几个人跟着起哄，你也不要怀疑自己，觉得自己很糟糕，不要那么想。

你只需记住一个不太文雅的比喻：吃屎的注定跟拉屎的团结友爱。

不如就心安理得地做个浑蛋眼里的浑蛋，而不是浪费时间去自证清白。

现实就是这样，大部分人不了解你，小部分人不喜欢你。

无论你做什么、说什么、怎么选、怎么活，都会有人嘟囔你、怀疑你、嘲笑你、反对你……并且，你对此毫无办法。

但好消息是，这实际上无所谓。

无论你怎么谨小慎微，怎么努力上进，你的缺点依然能装满八个箩筐，你脾气还是会臭过榴梿，你依然会待在十八线，而不是十八岁。

但好消息是，你依然能够保持进步，依然能够有人喜欢。

那就这样吧，理直气壮地做一个嬉皮笑脸的乐观主义者，厚着脸皮霸占着这个多嘴多舌的星球的一部分。

一个当代年轻人该有的修养是：如果我发现你不喜欢我，我只会加倍地不喜欢你。

3/

如果小红跟你说，小明在某时某地说了你某些坏话，你不能太快得出结论，不必急着恼火，也不要太快原谅，而是有必要思考以下几个问题：

第一，自己与小明有没有私人恩怨?

如果有，那对策是：左耳进，右耳出。

如果没有，你就要想一想小明为什么要说自己的坏话。是自己得罪过他？还是因为他做人有问题?

第二，小明的口碑和个人能力如何?

如果大家都觉得小明很正直、很厉害，那么你就得反思自己是不是确实在什么地方做得不好，而不是只怪小明太会演好人了！

如果你再三确认了，小明就是那种非常会演的虚伪小人，那你就提醒自己：小人得志是常有的事。

第三，小红与小明有没有利益纷争?

小红转告给自己的目的是什么?

是正义揭发？是为了取得你的信任？是挑拨离间？还是想拿你当枪使?

第四，这一点尤其值得注意，小明为什么能那么自在地和小红讲你的坏话？

是小红骗取了小明的信任，还是小红说了什么取得了小明的共鸣？

需要提醒的是，只要你稍微有一点儿利用价值，那么就有极大的概率会出现一个人，他为了要和你成为朋友，而出卖了另一个人。他会在谈话中不经意间向你透露别人的秘密，以此来获取你的信任。别蠢到以为他跟你真的熟到了无话不谈的程度。你得记住，一个跟你没见过几面的人会在你面前出卖其他人，那么，你也有极大的概率会成为他出卖的对象！

4 /

哦，对了。

有一个很尴尬的现实问题：学校里教的都是怎么和君子相处，却很少有人告诉我们要怎么识别奸佞小人。

鉴宝专家马未都似乎说出了标准答案，他说："一眼就看破赝品的功夫在于专心于真品。"

意思是说，识破赝品，不是成天研究赝品，而是整天钻研真品，真的东西了然于心，假的东西一下子就能看出来。

识别坏人也是如此。

你并不需要钻进坏人堆里，然后厚着脸皮说自己“出淤泥而不染”，或者是花费心思去研究坏人长什么样子，有什么招数，平时有哪些恶习……不用，你只需尽可能地和好人来往就行了。

好人的言谈举止会不断地滋养你的灵魂，一旦你将来遇见了坏人，不管对方装得多么热情，多么和善，你都会本能地觉得“非常扎眼”“非常恶心”“非常不习惯”。

最后，祝你喜欢的人也喜欢你，祝你不想理的人也别理你。生活清清净净，人人皆大欢喜。

一个当代年轻人该有的修养是：

如果我发现你不喜欢我，

我只会加倍地不喜欢你。

生活奇奇怪怪，你要可可爱爱

1/

奇怪的事真多。

比如，这颗星球上的人同时面临着“我好孤独”和“人口过剩”两大难题。

比如，这个年纪的人们同时因为“我不知道吃什么”和“我的体重超标了”而犯愁。

又比如，这个世界的大人们一边教育孩子“勤劳可以致富”，一边又向孩子们灌输“有钱人都很坏”。

比如，薄情寡义的人总是那么满脸自信，理直气壮；而温柔的人却总是痛苦纠结，自我怀疑。

比如，明明都是彼此心目中的NO.2（第二），两个人却在婚礼上大言不惭地宣誓“是此生唯一”。

又比如，明明就没有认真地对待任何事情，但很多人总觉得事事都在故意冒犯自己。

比如，感觉自己的生死之交遍布大江南北，但同城却找不到一个一起吃饭看电影的。

比如，口口声声劝你“恋爱没什么意思”的人，最后却是相继脱单的那些人。

又比如，踩了别人的脚，挡了别人的道，大家可以随口就说“对不起”，然而真的伤害了别人，冤枉了别人，却很难将“对不起”说出口。

而最最奇怪的是，为了得到在乎，不被在乎的人们在努力表现自己的满不在乎；为了得到爱，缺爱的人们在卖力地毁掉自己身上本就不多的可爱之处。

结果是，有的人膨胀了，有的人膨化了。

大家活得都像是在掩饰，在试探，在权衡，在顾左右而言他，反倒是那些真诚的、坦荡的、干净的可爱越来越难得一见了。

2 /

一个周六的下午，K 先生没头没脑地问我：“老杨，喝酒吗？同归于尽的那种。”

我笑着问他：“这又是发哪门子疯？”

结果他说：“快点下楼，我已经到你家楼下了。”

准备出小区的时候，因为路边停了很多车，只剩一条单行道。K先生开得很慢，突然发现路中间蹲着一只猫，悠哉地晒太阳，像极了一位大爷。

K先生缓慢地刹车，然后一动不动地盯着猫大爷好半天。

我问：“要不要轻轻地按个喇叭？”

他摇摇头说：“那不行，会吓着它的。”

我又问：“那要等到什么时候？”

他突然就打了几下双闪，然后自信地说：“这样它就知道后面有车了。”

猫大爷倒挺给他面子，很快就“移驾”到路边的花丛里。路过的时候，我跟猫大爷摆手，并对它说：“喵呜！”

结果K先生纠正道：“不是‘喵呜’，是‘喵嗷呜’，你刚才的那声猫叫至少有十个猫语语法错误。”

那一刻，我翻白眼翻得近视都好了。

车子左转右绕，终于到地方了，结果一下车，这家伙看见有人在路边唱歌，瞬间被吸引过去了。

他走到表演者面前，对方唱一句，他跟着唱一句。别人不好意思了，就把麦克风递给了他。

他也不怂，在车水马龙的街头席地而坐，然后自顾自地唱了起来，完全不记得带我来这里做什么。

而我则记得很清楚，他那天唱得最好听的两句是：“两眼带刀不肯求饶，让你看到我混账到老。”

K 先生早年是个资深的技术宅，逛各类论坛的时候经常看见有人骂脏话，一怒之下，他就把网页黑掉，然后改变聊天的规则。

其中之一就包括：所有的“你妈”在发出去后都会变成“咱妈”。

更传奇的是，当同行都赚得盆满钵满的时候，K 先生却突然转行了，他从一个网络大神摇身一变成了一名保险销售员。

有人说他转行是因为被人骗了，差点儿倾家荡产，但我从未听他提及过，苦难在他身上流逝了，但似乎并没有在他的眼里和脸上留下痕迹。

他一如既往地幼稚、搞怪、冷幽默，工作中从不主动推销，生活中也从不说恭维的话，但他的订单却络绎不绝。

他和十几二十岁的少年一样，透彻、真诚、缺根筋儿，这灰突突的岁月根本就无法染指他，哪怕一点点。

在这光怪陆离的人间生活，你要活得漂亮，还要耐脏！

我们说某某“油腻”，并不是说某某满脸油光或者大腹便便，而是说某某活得太做作了，说话太虚伪了，做人太市侩了。

我们说某某有“少年感”，也不是说他年轻、长得帅、会保养，而是说他没有钻进钱眼里、不会算计、没有心机。

耐脏的人自然会有少年感。这样的人一辈子都学不会弄虚作假，却有着与生俱来的翩翩风度。他跟村夫交谈不会丢掉谦卑的态度，和王侯散步也不会露出谄媚的嘴脸。

他的眼里有光，心里有火。他选择和某人交往，是因为他认为某人“还挺好玩的”，而不是因为“有利用价值”；他参加某个聚会，是因为他觉得“某个聚会应该挺有意思的”，而不是因为“不去显得不好”。

他不会在意选择的正确与否，比如是否选对了距离最近的路线，是否买到了性价比最高的物品，但他在意的是做出的选择一定要忠于内心，比如无视值不值得的“老子喜欢”，以及偏偏不参考标准答案的“老子愿意”。

就算浑身是伤，他也觉得值，“都别管我，老子就想这么活”；就算撞了一头包，他也不会认怂，“都别劝了，老子不信那个邪”。

那么你呢？

是不是在不停地摔跟头，是不是没少撞南墙？社会逼着你顺从，生活逼着你服从，它们几乎是异口同声地向你咆哮：“没本事就给老子学乖点儿！”

渐渐地，你做到了大是大非不出差错，小是小非不再计较。

慢慢地，你从理想主义走向了实用主义，从黑白分明活成了难得糊涂，从什么都敢变成了什么都怕。

需要强调的是，少年感并不等同于白衣翩翩、眉清目秀、胡子干净，也不是发福和油腻的反义词。

它更是一种永远好奇、永远有担当的折腾劲儿；是在任何时候做的任何选择都不怕留有遗憾的坦荡劲儿。

它是随波不逐流，哗众不取宠；是不会变冷的血，是不会被市井荼毒的魂，是说一万遍“归来还是少年”也装不出来的真。

在任何年代，在任何年纪，活得干净的人总是能够让人高看一眼。

愿你偶尔看透但不失望，偶尔迷惘但不沉沦，承认生活的扫兴，但努力活得尽兴。像少年那样：永远浪漫，永远清澈。

3 /

梅子小姐约我吃饭，我去找她的时候，她正在讲台上侃侃而谈，突然冷不丁地对观众来了一句："喜欢我就眨一下眼睛，不喜欢就把左脚放在右边肩膀上。"

底下瞬间就笑倒了一大片，而她则咬着嘴唇忍着笑，双手交叉立于台上，就像一个优等生在等着放榜。

吃饭之前，她盯着对面桌的小朋友手上的鸡腿直咽口水，等食物上桌了，她等不及跟我客气，就猴急地把腮帮子塞得鼓了起来。

我忍不住问了一句："你这是让我观摩你的吃相吗？"

她则像个喜剧演员一样用力地捋了捋喉咙，然后又往嘴里塞了一大块牛排，指了指嘴巴，示意不方便回答。

吃完饭，我们顺着小路散步，她听到了蝉叫声，顺着声音就逮住一只。然后，她自顾自地对金蝉说教："喂喂喂，小伙子，这就是险恶江湖，该闭嘴的时候要马上闭嘴，不然怎么死的都不知道。"

梅子小姐其实已经32岁了，但给人的印象就像是少女心爆棚。

比如她的签名是这样的："我往宇宙撒了把盐，如果凌晨三点还没入睡，那今晚就吃盐焗小星球。"

三天之后又换成了："我跟地上的蚂蚁谈了好久，它才肯把它的米分我一半。”

梅子小姐的少女心不是体现在吃的、穿的、用的方面，而是体现在“我好爱好爱这个世界”。

她并不喜欢粉红色的东西，也不会让同龄的异性帮忙拧瓶盖，也从不迷恋帅气的男明星。她不扎丸子头，不稀罕连衣裙，不需要帆布包，不用美颜相机，不需要“嘤嘤嘤”和少女音……但朋友有了开心的事情，她比朋友还要开心；看着小孩子玩滑梯玩得很嗨，她也会没大没小地参与其中；看着别人玩滑板很酷，她也去买了一块，然后摔得鼻青脸肿还要继续练习……

她妈妈送了她一个好看的菜篮子，她的第一反应居然是要买什么样的衣服来配它。

她活得很坦然，七大姑八大姨们给她安排了一个又一个的相亲对象，她不仅都去见了，还时不时地给七大姑八大姨们反馈自己的感受：“这个不够可爱”“这个爱说空话”“这个挺不错的，就是我感觉自己配不上他，因为他全程都没笑一下”……

我曾问过她：“你不觉得烦吗？”

她乐呵呵地说：“那有什么烦的，就算相亲对象都是奇珍异兽，我把自己当动物园园长就行了。”

她其实谈过一次恋爱，为此她还发了一条轰动朋友圈的消息：“我终于意识到男朋友的重要性了，因为家里的水管爆了之后，男朋友可以帮我递下扳手。”

少女心不是一辈子都永葆青春，不是一大把年纪了还抱着毛绒玩具，不是孩子都成人了还喜欢撒娇，也不是十指不沾阳春水……而是指，你的内心已经足够强大，能够藐视人生路上的风风雨雨，而内心依然温热，保留着少女的天真和烂漫。

就算每一次扶起摔倒的老人都会被诬陷，你还是会坚定地去扶下一个。

就算每一段感情心灵都受到了伤害，你还是会毫无保留地去爱下一个。

就算每一步路都充满了坎坷，你还是会坚定地迈出下一步。

就是不管什么年纪，不管活成什么样，你都不会觉得生活就这样了，不会觉得人生的巅峰已经结束了，而是始终相信，崭新的生活才刚刚开始。

就是对世界依然怀有热情，对生活依然怀有兴趣，对人间依然充满眷恋，这跟你是 99 岁、19 岁又或者是 9 岁没有太大的关系。

少女心不等于玻璃心，更不是拒绝成长的遮羞布。那些喜欢“怼天怼地怼空气”的人，再年轻也不会有少女感。

别人旅行发个定位，她就要揣测别人什么用意；别人发个自拍，她就开始诟病别人是不是居心不良；又或者是因为别人没钱、没地位、没身份，她就唾弃别人的生活方式，瞧不起别人的喜好……

这样的人即便是刚满 18 岁，也跟怨妇没有任何区别；即使 90 岁还浑身上下都穿戴着 Hello Kitty，也只是一个做事欠考虑的讨厌鬼而已。

所以，不要害怕变老，不要害怕鱼尾纹，不要害怕因为生活而面容粗糙，你该担心的是，变老了还是一无是处，脸上布满了皱纹还是一无所知，面容粗糙却还是内心阴暗。

保持少女心的前提是不停地成长，不停地经历，内心变得越来越豁达，学会了原谅，懂得了设身处地，也因此而越活越潇洒。

切记，不管你几岁，少女心都是万岁。

4 /

说到可爱，就不得不提“老顽童”汪曾祺了。

他说：“即使平平淡淡，即使没有鲜花和掌声，也要一个人活得精彩。这些白茶花有时整天没有一个人来看它们，就只是安安静静地欣然地开着。”

写到葡萄，他先将葡萄“批评”了一番，说葡萄抽条不懂节制，

“简直是瞎长！几天工夫，就抽出好长的一节新条。这样长法还行呀，还结不结果呀？”

等葡萄熟了，他又跟葡萄好言好语起来：“去吧，葡萄，让人们吃去吧！”

说到栀子花，他先是交代了世人对栀子花的印象：“栀子花粗粗大大，又香得掸都掸不开，于是为文雅人不取，以为品格不高。”

然后替栀子花说话：“去你的，我就是要这样香，香得痛痛快快，你们管得着吗！”

可爱是什么？

大概就是你的能力、身份、性格、外表、言谈举止，所有因素或者其中一部分因素，可以吸引某个人或者某些人来爱你。

大概就是做任何事情，你首先考虑的不是成本，而是“我喜不喜欢”。

大概就是明知不敢为、不必为、不可为，但因为“我愿意”“我喜欢”和“我能负责”，而变成了“力排众议”和“敢作敢当”。

我所理解的“可爱”，还包括自始至终地怀着善意。你越善良，看到别人身上的优点就越多，看到的世界就越美好；你越冷漠，看到别人身上的缺点就越多，看到的世界就越黑暗。

我所理解的“可爱”，还包括想方设法地保持乐观。同样是擦皮鞋，悲观的人说："皮鞋是天天擦，天天脏。擦皮鞋有什么用？"而乐观的人会说："皮鞋是天天擦，天天亮，努力是不会白费的。"

同样是可乐洒出去了一半，悲观的人会说："全完了！"而乐观的人会说："幸好还剩一半。"

我所理解的"可爱"，还包括不介意别人的看法。

假如你是活泼型，喜欢你的人会说："哇，你好开朗啊，跟你在一起真开心。"不喜欢你的人会说："能不能别说那么多废话了。"

假如你是内向型，喜欢你的人会说："你看起来真优雅，跟你在一起的感觉好舒服。"不喜欢你的人会说："你怎么一点儿意思都没有，跟死人一样。"

如果你学会了从最平凡的生活中发掘出快乐，那么你就学到了人生中最重要的生活技能。

如果可爱也算是一种本领的话，希望你是那个最厉害的人。

祝你的好心情天天营业，祝你的烦心事永久打烊。

要容得下别人的风光，要按得住自己的嚣张

1 /

一大清早，我刚开手机就收到了紫涵发来的微信，看了一下时间，从凌晨三点开始断断续续一直发到五点多。很显然，她彻夜未眠。

她说她昨天上午才从伦敦回到上海，当天晚上就赶着去参加了一场初中同学聚会。那都是十多年不见的老同学，但现场的气氛就像是进了一间空了十多年的老房子，冷清而且诡异，即便是当年关系很好的朋友也表现得很生疏，甚至连起码的寒暄都没有几句，反倒是有人埋怨她："怎么出了国就变得瞧不起人了？"

她给我发的最后一段话很长："因为有人问我在英国生活感觉怎么样，我就描述了一下我的留学生活。我真的没有炫耀，我知道出国上学不算什么，我知道这很难；我知道一个女生为了争取奖学金

而没日没夜地学习不算什么，我甚至知道这样很苦；我也知道每天出门都能见到衣着得体的绅士也不算什么，但我只是描述，这就是我最真实的生活，怎么在他们看来就成显摆了呢？我气得一晚上喝了三杯咖啡，想了一整晚都想不明白。”

我回复道：“人要想不被比下去，常常会做出两种反应，一种是努力变优秀，另一种是卖力地贬低他人。相对来说，后者要容易得多。你今天见到的人可能有一部分就属于第二种，因为跟现在的你比起来，他的人生稍显黯淡，所以受不了你的优秀。你跟他们不同，你巴不得别人好，所以你心里是坦荡的，看见别人好，你只会跟着傻乐。你也不用太在意，毕竟，他们不是真朋友。”

判断一个人是不是真朋友，就看他是不是真的盼着你好。

成天和你花天酒地的人不会希望你变得克己慎行，和你一样肥胖的人不希望你变得苗条，和你一样的无业游民不希望你找到新工作，和你一样吃着火锅唱着歌、打着游戏挂着科的室友也不希望看到你认真学习。

遇到一个见不得你好的人，我建议你换个角度来看待这种事情：

第一，他见不得你好，那说明你在某个方面已经事实上比他优秀了。

第二，如果你想让他为这种恶毒的心理付出代价，那么最好的方式就是让自己取得更高的成就。

第三，如果你觉得他妒忌自己的样子很可怜，那么为了避免这种情况再次出现，你就别再向他透露自己的情况了。

人性的丑陋之处就在于：看到别人在美好的地方，不是想着自己也要去，而是想把对方拖进自己所在的泥潭里，让对方和自己一样平庸，一样乏味，一样丑陋，一样没前途，这样才能心满意足。

大概是因为，看到别人变好了，就会显得自己落后，显得自己土鳖，显得自己矮人一截，所以他就会拼命地踩你。

大概是因为，你做了并且做到了他们不敢想也不敢做的事，他们唯一能让自己心里舒服的方式就是挑出你的毛病、发掘你的缺点，甚至是盼着你摔回到和他们一样的糟糕现状。

就好比说，站在山脚下的人对着好不容易爬上山顶的人说："上面那么高，你还上去？这是智商不够啊。"

如果你不小心摔了一下，他就会更加开心地说："呐，我都告诉你别爬了，你偏不听。"

这种人有一种很卑劣的心理是：比起教你怎么重振旗鼓，他们更希望看到你一蹶不振；比起关心你飞得高不高、累不累，他们更好奇你摔得痛不痛、惨不惨。

和“见不得自己好”的人待在一起，你本来就有的能力，可能会因为他的贬低而发挥不出你该有的水准；你原本愉快的假期，可能会因为他的奚落而阴郁起来。

不如去寻找那些在你滔滔不绝的时候听得津津有味，并且能够和你交换见解和见识的人；不如去寻找那些愿意在你准备大干一场的时候告诉你其实很难，但是一直鼓励你，并且会为你不断取得好成绩而高兴的人。

这样做的坏处是：你可能会受点儿委屈，可能朋友不多。

但这么做的好处是：你会不断成长，而那些人永远都是烂泥。

一辈子很长，要和自己的同类在一起。

2 /

看过一部西班牙电影，名叫《当你熟睡》。看的时候不觉得恐怖，看完之后总觉得头皮发麻。

男主叫恺撒，是某公寓的管理员，他秃头，单身，乏味，在工作上无法征服世界，在魅力上无法征服女人。

上班期间，恺撒兢兢业业，彬彬有礼；下班了，他就去医院照看老年痴呆的母亲，给她讲述这一天的经历和见闻。

他看起来很随和，偶尔还帮人照看小狗，但实际上是一个心理极度扭曲的人。他的生活中没有什么值得快乐的事情，甚至想过一死了之，他活下去的理由就是看着别人痛苦。

借着公寓管理员的身份，他给住户制造了很多麻烦，当他看到别人抓狂、难过、沮丧的时候，他那一刻感到无比的满足。

大概是因为他对自己的现状极为不满，所以才受不了看到别人幸福。

然而，新搬进来的姑娘克拉拉却是个特例，她热情、漂亮，对每个人都微笑，就像是个乐天派。恺撒忍受不了，于是就潜入克拉拉的卧室，等克拉拉熟睡之后，往她的化妆品里注入化学品，在橱柜和冰箱里放入吸引蟑螂的液体，还给克拉拉写匿名恐吓信……

可即便是遭遇了皮肤变差、睡眠变差、满屋子是蟑螂、精神被恐吓等一系列的折磨，克拉拉却依然乐观，这进一步激怒了恺撒，使他做出了更加疯狂、变态、阴暗和猥琐的事情，直到他成功地将痛苦植入克拉拉的生命中，他心满意足地笑了。

见不得别人好的人遵循的逻辑是：既然我无法快乐，那最好是谁都别想快乐。类似于在说：我得不到的，那我就毁掉它！

所以你一定要特别小心，这种人问你“一切还好吧”，其实是想听听你说哪里不好，如果你说哪儿哪儿都好，然后特别强调一下，这里那里尤其好，这儿那儿特别好，那么你已经在不经意间刺激到他了。

他问你“学得怎么样”，其实是想听你说不怎么样，如果你说学得特别好，而且在阅读理解和作文方面进步很明显，那么你已经惹着他了。

哦，对了，这里还需要特别强调一下，有时候，别人讨厌你，可能仅仅是因为你说话烦人，做事烦人，可能仅仅是因为你的道德出过问题，因为你在无意中得罪了他，不一定都是因为你取得好成绩或者变得优秀了。

换句话说，这个世界的确有不少人是真的见不得别人好，但也有不少人会把他人的关心、提醒、反感或憎恶等一切不招人待见的行为误以为是别人见不得自己好。

比如说，A 没过四级，B 也没过，就你过了，那么你热烈地庆祝就有可能无意间破坏他们的心情。

C 买了性价比最高的手机，D 还在用他那部旧手机，而你却用上了最新最贵的手机，那么你在他们面前炫耀就有可能打搅他们的生活。

我们无法解释某些人突如其来的恨意，我们也无法预测某些人莫名其妙的恶意，我们能做的是试着体谅和包容，是懂得敬畏和保持谦逊。

在失意人面前不提得意事，这是常识！

所以你要时刻对自己保持警醒，因为不管是什么事情，一旦你做出了一丁点儿的成绩，一个不小心，你就会不由自主地卖弄起来。

生而为人，其实最难得的莫过于：容得下别人的风光，也按得住自己的嚣张。

3 /

西方有个寓言：

一个人买了个灯回家，他点亮了灯以后，灯神出现了。

灯神说：我可以满足你的任何愿望，但是不管你要什么，你的邻居都会得到双倍。

他听了，心里默默地想：如果我要一间大房子，我的邻居就会得到两间；如果我要一个亿，我的邻居就会得到两个亿。不行！这样不行！

于是他清清喉咙，对灯神说：我要你弄瞎我一只眼睛。

大多数人理智上知道嫉贤妒能是错误的，但感情上已经红了眼，会在各种地方搞些小动作，让如日中天的人稍微落下西山，然后还非常友善地去开导别人："没关系的，再慢慢努力。"其实内心是一阵窃喜："哈哈，没有人知道是我干的。"

如此说来，不能总盼着有人能为你雪中送炭，这世上，没有人在你的脸蛋上抹黑，你就该对这命运感恩戴德了。

见不得别人好，实际上是见不得自己不好。

比如，邻居买了一辆豪车，某某人没有去祝贺，也没想着自己努力赚钱去买一辆，而是装出一副"我毫不关心"的样子，然后晚上偷偷去把豪车的轮胎扎漏了。

就像是，室友拿到了一等奖学金，某某人没有恭喜，也没有打算向别人学习，而是到处说别人在道德上有哪些漏洞。

又比如说，上学的时候，某某人参加了一个英语培训营，效果非常好，他就希望"最好别人都不知道这个培训营"。

毕业当上了设计师，某某人发现了一个超酷的网站，实用性非常强，他心里就盼着"最好别人都不知道这个网站"。

可问题是，就算扎漏了豪车的轮胎，就算他说尽了室友的坏话，也不影响他们事实上存在着差距。

就算别人没有进那个补习班，就算同事没有发现那个网站，上进且刻苦的人也会自己学习，自己研究，去别的补习班或者发现别的网站。

就算杀了公鸡，你也挡不住天亮。

需要提醒的是，当你接触的人越多，当你自身的层次越高，你就会发现：越有层次、越有教养、越有格局的人越是相互支持、抱团发展，因为你好了，大家都好。

反倒是越狭隘、层次越低、教养稀缺的人，就越喜欢诋毁嫉妒、互相拆台和鄙视，因为我不好，我也不想让你好。

4 /

世界上之所以存在着那么多“见不得别人好”的人，除了人性的丑陋之外，还有一个重要原因是：你知道得太少了。

成绩平平的女生突然考上了一流学府，你会怀疑她是抄袭的，却没有看到她之前每天抱着厚厚的复习资料待在空荡荡的自习室里，从晨光微露学到夜色深沉。

能力平平的同事突然高升了，你会怀疑他走了后门，却没有注意到他每天下班之后加班核对数据、沟通客户，从谨小慎微变得井井有条。

吊儿郎当的男生突然追到了校花，你会说他是巧言令色哄来的，却没有看到他早上一杯牛奶，晚上送她回家，从隔三岔五变成风雨无阻。

同样的还有，一看到谁创业成功，但年纪跟自己差不多，你就想去挖他的家底，看他是不是父辈人脉甚广，是不是拼了爹。

一看到成绩与年龄不符的有为青年，你就想去搜他身边是不是有贵人相助，是不是潜了规则。

一看到突然就红遍网络的漂亮女生，你就想去搜她有没有整容，是不是欺骗了观众。

你习惯性地把比自己优秀的人归类为“豪门贵子”和“福星高照”，然后坚定地认为:“他们其实没费什么劲儿”，“他们只不过是运气好罢了”。

人为什么要这么做?

因为有些人不甘心，因为他们嫉妒别人的优秀，又容忍不了自己的平庸，所以一边歇斯底里地嫉妒他们，一边又心安理得地瞧不起别人。

而这也恰恰解释了为什么明明昨天还有说有笑地陪你吐槽恋人

和老板的同事，因为你突然晋升就对你疏远了。别急着说人心叵测，他可能真的不知道你为此付出了什么，而且他缺席了你熬过的夜、撞过的南墙，所以他无法面对你突然就变厉害了的事实。

而你也要注意，如果下次再看到某某得奖了，换了大房子，买了新车，娶了佳人或嫁了良人，别急着疏远，也别急着诋毁，先去了解一下对方做了什么，付出了多大的牺牲，经历了怎样的曲折，然后再决定，是坦坦荡荡地祝福，还是勤勤恳恳地努力，又或者是五味杂陈地喷出一个“切”？

反正啊，那些无视别人的付出，只会想方设法地发出嘘声的人，注定会一辈子都在台下当观众，而那些正视自身的不足，并卖力缩小和高手差距的人，则是在悄悄地做着准备，有一天要站在台上！

生而为人，

最难得的莫过于：

容得下别人的风光，

也按得住自己的嚣张。

所有命运赠送的礼物，早已在暗中标好了价格

1/

雄孔雀的羽毛越长，它就越漂亮，找到雌孔雀的可能性就越大。

但与此同时，它被天敌盯上的可能性也越大。

2/

先说一个笑话，事关一对情侣。

男生趁女生没注意，就在女生的脖子上亲了一个吻印。女生回家之后，吻印被她妈妈发现了，妈妈就问她怎么回事，女生撒谎说："上课太困了，自己掐了自己一下。"

妈妈不信："你再掐一个给我看看！"

女生只好使劲儿地掐出了一个，这才涉险过关。

结果第二天，女生去见男生，男生见女生脖子上多了一个吻印，就问她怎么回事，女生坦白地说：“我自己掐的！”

男生不信：“你再掐一个给我看看！”

再讲一件真事儿，事关Z姑娘。

Z姑娘小学的时候很不喜欢数学，作业做起来非常吃力，考试也经常在及格线上下徘徊。

有一次，她因为前一天去亲戚家玩，数学作业没有写完，所以第二天很早就去教室里补写，可很多题都不太会，所以她越写越着急，越着急越不会。

她的同桌就对她说：“要不你直接抄我的吧。”

Z姑娘先是拒绝了，因为在她看来，抄作业是非常丢人的事情。

但在同桌的再三怂恿之下，又迫于数学课代表马上就要检查了，她第一次违心地抄作业了。

然后，噩梦开始了。从那之后，这件事情就成了同桌要挟她的由头。

“你不把你的故事书借给我看，我就告诉老师说你抄作业”；

“你不帮我买东西，我就告诉老师说你抄作业”；

“你再和某某某说话，我就告诉老师说你抄作业”；

“你不帮我打扫卫生，我就告诉老师说你抄作业”；

……

最过分的一次是，同桌和别人闹矛盾了，居然让 Z 姑娘做假证，要她诬陷别人偷东西。

Z 姑娘直接拒绝了，于是同桌就对她说："你要是不这么做，我就告诉老师说你抄作业。"

Z 姑娘勃然大怒，冲着同桌说："要告你就告吧，我早就受够你了！"

不知道是不是被吓住了，同桌后来没有去告诉老师，但 Z 姑娘为此忐忑了足足有大半个学期。

在期末考试之前的一个星期五，放学之后，Z 姑娘终于鼓起勇气去找数学老师。

Z 姑娘坦白地说："在四月份的时候，我数学作业没写完，就抄了同桌的作业，我知道错了，老师对不起。"

结果数学老师非常温和地对她说："哦，知道了，以后不许抄了，快点儿回家吧。"

对于良心脆弱的人来说，说谎是一种代价极高的行为。

说了一个谎之后，你就需要说一个又一个的谎去圆之前的谎，一旦乱了套路或者水平太差而被人识破，你就有满盘皆输的危险。

更严重的后果是，因为你说了一个接着一个的谎言，你就免不了要做一个接着一个的错误选择，最终你就可能顾不上公序良俗，而是满足于继续编造故事。

所有看得见的好处，都有看不见的代价。

你可以几十万、几百万地买粉丝，可以买来成千上万次转发和点赞，可然后呢？

你的表现能够配得上这么多人的关注吗？你的技艺经得起万千观众的推敲吗？

你可以用甜言蜜语骗来好感，可以用 PS 过的照片赢得夸奖，可然后呢？

你的真心能够维系这份感情吗？你的真实模样能够让人长时间心动吗？

你可以用弄虚作假拿下一个项目，可以靠蒙混过关拿到一份工作，可然后呢？

你的实力能够让你完成这项任务并继续取得别人的信任吗？你的言行举止能够让人尊重或者被人信服吗？

毕竟，生活不是一锤子买卖，而是环环相扣的因果报应。

你有美貌，那么当美貌消逝的时候，你用美貌换来的所有福利都会反噬你，你可能比丑人过得还要凄惨。

你有好身材，那么一旦你的身体走形，你的心理落差和需要承受的诋毁会是别人的好几倍。

你有才华，那么仅仅一次事情搞砸了，就足以让欣赏你才华的人倍加失望，甚至你会被人认为徒有其名。

你家境优渥，那么一旦家道中落，你将会遭受的困难就会比那些白手起家的人要严重无数倍。

有幸得到某样东西，一定要小心翼翼地侍奉它。不要以为自己的谎言天衣无缝，不要以为自己的行为可以瞒天过海。你的每一步都决定着你最后的结局，你的脚正在走向你自己选定的明天。

3/

忘记在什么地方读过一篇科普文章，说的是考拉，里面有几条让人瞠目结舌的冷知识：

考拉吃桉树叶，并不是因为喜欢吃，而是因为抢不过别的动物，所以只能吃这种难吃的东西；

桉树叶有毒，所以我们看到考拉呆萌呆萌的，不是因为它擅长卖萌，而是因为它中毒了；

为了能消化这些有毒的树叶，考拉进化出了非常独特的肝脏，能够分离一部分有毒物质；

刚出生的小考拉无法消化毒素，所以只能吃妈妈的屁屁（据说营养丰富），吃到一岁多……

读完的第一反应是想笑，但更多的是佩服，佩服考拉“懒”成了国宝，也佩服它们因为懒而进化出了生存之道。

可人类终究没有这么幸运，没有资格成为国家一级保护动物，倒是很容易就变成国家一级废物。

上学的时候，你是“干啥啥不行，装疯卖傻第一名”，以至于你丝毫感觉不到，现实社会早就张开了血盆大口，正虎视眈眈地在校门口等着你。

工作的时候，你是“习惯性无谓挣扎，持续性安于现状”，以至于职场里撞得头破血流，一不小心就被修理得找不着北。

基础不好，你还不拼命往死里学；时间不够，你还成天虚度光阴；效率不高，你还放不下干扰你的东西……

既然你没有豁出去一战到底的决心，又没有管理自己欲望的毅力，那你凭什么怪别人抢走了你理想人生的门票？

你说你想变好看、变优秀、赚好多好多的钱，可你做的却是让自己变丑、变失败、变穷的事情。

你因为一日三餐吃油腻的外卖而长出来了肚腩，因为没有看完复习资料而导致考试失利，因为工作马虎而招致各种批评……

那你凭什么要求生活对你好一点儿？它和你越来越没有默契不是应该的吗？它对你翻白眼不是很正常吗？

切记，不尽力的愿望都是瞎想，三分钟热度只能算作是梦想的试用装。

希望你在谈论飞翔的时候，不要忘记地球还有引力；希望你在想变成牛人的时候，别忘了去做牛人要做的事情。

4 /

电影《飞驰人生》中有一个片段让我印象非常深刻，曾在赛车界叱咤风云的张驰在给赛车手当教练的时候，有个学员问他：“有没有什么一招制胜的绝招？”

结果张驰怒吼道：“凭什么有这种绝招别人不会就你会啊？”

很多事情，你最终无法完成，或者做得比别人差，不是因为你的能力不够，也不是运气不好，而是你心里总带着侥幸，觉得这个地方可以投机取巧，那个地方能有捷径。

但实际上，那些看起来很厉害的人，不是他们的天赋、运气比别人好，区别仅仅在于：他们一直在做他们相信是对的事情，而有的人只是选择了容易的事情。

同样的道理，那些孩子懂事而且乖巧的家庭，不是这些孩子的基因占据优势，区别仅仅在于，这些孩子的父母是从下午四点半之后就不再碰手机了，而有的父母则是一边玩着手机一边怒斥孩子怎么不认真学习。

这世上的好东西确实很多，所以你更要努力，努力买得起，或者努力配得上。反正我这么多年的经验是：好机会永远都不会到处群发，好东西从来都不会人手一份。

好东西对应的是高代价，好机会对应的是更辛苦，它们往往是捆绑销售的。

如果一个记者不精进自己的文字功底，而是在想“反正也没有什么人看”，那么不管他遇到什么样的大事件，都写不出精彩的新闻来；

如果一个员工不把自己的工作当回事，而是觉得“反正做不做都不要紧”，那么就算给他再重要的事情，他都能搞砸；

如果一家公司总是无视行业规则，而是觉得“反正不会出什么问题”，那么就算是有贵人相助，也免不了会阴沟里翻船。

现实残酷就残酷在：

你说对了，可能没什么人注意，可一旦你说错了，可能每个人都会注意到；

你做好了，可能没什么人会记得，可一旦你搞砸了，可能没什么人会忘记；

你遵守规则，可能没什么人说你的好，可一旦违规被曝光了，可能就会身败名裂。

接受评价是社交的代价，哪个红人不是在被无数的人黑？遵守规则是自由的代价，不信你看“自由”这两个字，长得就像条条框框！

5 /

几十年前的欧洲，在火车站或者飞机场这样人流密集的地方，就会有一些裹着红色长袍的人到处给匆匆而过的旅客送花。这些人不怎么多话，就是一句简单的问候，一个朴实的微笑，然后说：“这是我们赠送给您的礼物。”

大多数旅客不想失礼，都会选择收下这朵花，但没走几十米，另一个裹着红色长袍的人就会出现，先是跟你搭讪，然后要求你捐赠，因为你之前接受过他们的小花，而大多数人都不喜欢亏欠于人，所以很多人都不得不选择捐款。

一些经常去酒吧的女子都知道，在酒吧里，永远不要让不认识的异性为自己买单，也不要接受陌生男子赠送的饮料，除非你想跟他发生点儿什么。

同样，超市里、大街上主动找你搭讪，请你品尝免费美食的人，你最好是礼貌地拒绝他们，除非你想买一堆你根本就没想买的东西。

任何事情都是有代价的。在你准备享受它的好处时，一定要想一想自己是否承担得起它的代价。

比如说，有人当了陪酒女，习惯了吃吃喝喝、说说笑笑就把钱赚了，那她自然就受不了朝九晚五、辛辛苦苦地忙碌赚钱。但后果是，她的一生可能就废了。

有人盗窃抢劫，轻轻松松地不劳而获，那他自然就受不了靠担抬扛搬赚的那点儿辛苦钱。但后果是，他可能很快就会锒铛入狱。

有人嗜赌如命，看着别人一晚上就能赚到自己一年的工资，那他可能就看不见输的风险，而只是想着"赢很容易"。但后果是，他会输得倾家荡产。

又比如说，你想"做自己"，这没问题，那你就得知道，做自己不只是谁都不听、谁都不怕、谁都不管，还包括为个性付出代价；做自己不光是做你喜欢做的事情，还包括忍受差评、非议和不受待见。

你当然可以由着自己的性子活着，做明知道是错的事，爱明知道是错的人，但你得知道：所有的锅都得自己背，所有的后果都得自己承担。

你当然可以继续用凉水洗头，你能忍受头疼就行；你当然可以没完没了地吃零食、烧烤和冰激凌，能承受胃疼就行；你当然可以熬夜游戏或者刷短视频，你能接受精神状态糟糕就行……

怕就怕，你既吃不了学习的苦，又受不了生活的苦；既不想吃挣钱的苦，又不想吃婚姻的苦；一边贪图放纵的快感，一边又承受不起随之而来的焦虑和空虚；一边混吃等死，一边没完没了地抱怨命运。

感觉就像是一个混吃等死的人在抱怨命运："地球这么大，为什么就没有我的八室五厅四厨三卫，一个后花园，外加一个游泳池？"

在给人教训这种事情上，时间一直都是最优秀的老师，但遗憾的是，到最后，成绩最好的学生都被时间弄死了。

6 /

哦，对了。看过一句话，觉得挺有意思的，原话是："结局一定是好的，如果不好，说明还没到最后。"

我给改了一下："结局往往都不如人意，如果你现在觉得还不错，那说明还没到最后。"

我们相爱，就是为民除害

1/

如果有尬聊比赛，老徐一定能进决赛。

在追求葡萄小姐的时候，他们的对话是这样的：

老徐："你在干吗？"

葡萄小姐："看电视。"

老徐："谁买的电视啊？"

葡萄小姐："我爸买的。"

老徐："什么牌子的啊？"

葡萄小姐："……"

然而，就是这么不会聊天的老徐居然成功地摘到了葡萄小姐的芳心。

打动葡萄小姐的是，老徐愿意听她废话，也乐于跟她废话。

葡萄小姐喜欢电子产品，老徐一开始会觉得“没什么用”。

葡萄小姐就拿出计算器一板一眼地对老徐说：“如果你觉得这个手机贵，你就用这个价格除以 365 天，如果还觉得贵，就再除以两年，平均每天才一块多钱，一块钱你能做什么，但是可以让我开心，多值啊！”

老徐听完就疯狂点头。

葡萄小姐隔一阵子就会买一个很贵的化妆品，老徐一开始觉得她“爱虚荣”。

直到葡萄小姐对他说：“每天看着盛气凌人的主管，如果我涂的眼影是 30 块钱一大盒的，我就会小心翼翼一整天，但如果用的是 700 块一小盒的，我就感觉自己没必要怕她；遇到难搞的客户，如果我抹的是 10 块钱的大宝，我就会莫名其妙地选择屈从，但如果当天用的是娇兰的粉底，我感觉自己说话的底气会很足。”

老徐这才知道，葡萄小姐不是爱虚荣，而是没自信。

还有一次，老徐刚到约会地点，葡萄小姐就对老徐发火了：“跟你说了一百回，袖子不要挽那么高！”

老徐瞬间就意识到，问题不是出在袖子上，而是估计葡萄小姐遇到了什么烦心的事情。于是他诚恳地说：“你今天似乎有点儿不开心，虽然不一定是我造成的，但是我愿意先给你道个歉！”

葡萄小姐“扑哧”就笑了，然后一五一十地讲了她为什么不高兴。

老徐经常“投降”，但也没少“参战”。

比如有一次一起做饭，老徐就唠叨个没完：“火小点儿”“该放盐了”“盐少一点儿”“煳了煳了，快翻面儿”……葡萄小姐受不了了，就会怒吼：“我知道怎么炒菜，你给我闭嘴！”

这时候，老徐就会狡黠一笑，然后慢悠悠地说：“你当然知道怎么炒菜，我就是想让你知道，我开车的时候，你絮絮叨叨个没完是什么感觉。”

又比如某次葡萄小姐对老徐咆哮：“你都活了二十多年了，怎么还不如一件毛衣会放电？”

老徐也不甘示弱地回应：“你那么喜欢发火，怎么不去跟灭火器谈恋爱？”

爱情里最难得的是，你是他愿意一掷千金去逗笑的好姑娘，他是你一屉小笼包就能哄好的少年郎。在你们眼里，人世间的奇珍异宝实在太少，而对方是其中之一，并且还名列前茅。

他不会任凭你歇斯底里都无动于衷，而是偶尔俯首称臣，偶尔剑拔弩张，偶尔火拼到底，让你能够淋漓尽致地发泄出来。

他跟你吵，也跟你好；他知道何时该收场，也知道如何去善后。

跟你吵是为了增进了解，跟你好是因为互相理解。

吵的意思是，我还想跟你走下去，但我不太清楚你为什么会这样想或者那样做，因为我的想法是这样，我的计划是那样，所以我拿我的真实想法跟你的真实想法掰扯一下。

而理解的意思是，我愿意尝试着走进你的世界，试着去接纳全部的你；既接受我喜欢的那部分，也接受让我不满的那部分；既为你闪光的人性鼓掌，也不介意你人性的黑暗。

争吵的最好结局，可不是某个人单方面地道歉，而是双方都消气了。

所以我的建议是，吵就认认真真地吵，放开架势去吵，把所有的不理解、不满意、不甘心都说出来。

不要总是一副对方不理解自己的失望模样，不要总是摆出一种对方辜负了自己的委屈心态。

人性都差不多，一自私起来就六亲不认，一较真起来就不通人情，再加上每个人都擅长于原谅自己、偏袒自己，所以你才会那么理直气壮地怪罪他人、谴责他人。

所以在我看来，结婚时与其信誓旦旦地承诺“不论贫穷富贵、健康疾病都至死陪伴”，不如一起读读《进化论》和《自私的基因》，然后再坦诚地说：

“我违背不了我的天性，但我还是想跟你在一起；我忤逆不了我的本能，但我还是想继续爱你。”

怕就怕，你发脾气也好，闹情绪也罢，他都懒得理你。

结果是，委屈这种小怪兽被封在你心里了，生活中的不满、不甘和不安都成了这只怪兽的饲料，随着时间的推移，这只怪兽越来越强大，直到有一天破笼而出，一口吞掉你的理性和你们的爱情。

想对全天下的男生说的是：为了玫瑰，你得给刺浇水。

想对全天下的女生说的是：你的嘴巴再温柔一点儿，他的耳朵会更听话一些。

2 /

桃子小姐是个工作狂，最忙的那几年，她一年 365 天差不多有 300 天是在出差，各大航空公司都是金卡会员。

桃子小姐跟她老公认识了 20 年，结婚了 12 年，直到 5 年前才要小孩。

刚生完孩子的时候，桃子小姐患上了轻微的抑郁症，有一天，她心血来潮给她老公做了晚饭，结果她老公说了一句“这个鱼有点儿咸”，桃子小姐就委屈了一整夜，第二天还在生气，然后拼了命地拽着她老公去民政局离婚。

排队的时候，她突然又反悔了，对她老公说：“我凭什么要跟你离婚啊，我都跟了你20年了。”

她老公笑着说：“不是你要来民政局的吗？反正我来这里是为了陪着你，不是来离婚的。”

有一次，桃子小姐因为一点儿小事跟她老公冷战。冷战的间隙，她给她老公发了一篇公众号文章，标题是《两口子吵架，难道都是老公的错吗？》。

她老公以为她良心发现了，还没有点开文章，就特别感动地跑过来抱了她一下，结果点开文章才发现，正文只有两个大字：“是的。”

见她老公一脸的尴尬，桃子小姐笑得都快要站不起来了。

还有一次，因为她老公和朋友吃饭回来晚了，桃子小姐大动肝火，但她老公觉得自己没什么错。于是，冷战又开始了。

但吃饭时间到了，她老公就起身去厨房给她煮了一大碗面条；等她准备睡的时候，她老公又蹑手蹑脚地给她盖上被子，但始终没说话。

到了很晚的时候，她老公见她一直没睡着，这才缴械投降了，一长串的道歉短信中，有一句格外煽情：“我连怎样让自己开心都不知道，但不晓得哪来的自信，我想让你笑。”

就这一句话，桃子小姐的气消得一干二净。

虽然他也有自己的脾气，但所有的事情都不及你要紧。比起面子，他更在意的是你有没有按时吃饭，有没有按时睡觉，有没有好好地照顾自己。

他知道，你表达的永远不是你所说的内容，而是渴望被理解的心情。所以就算是被你气得冒烟了，你也依然是他心里想要保护的人，他见不得你受伤，更不会负气扔下你不管。

谈恋爱谈不下去，往往是因为两个人各有一个剧本，且都不允许对方加戏改词儿。就像是在说：“余生不用你指教，乖乖听我的话就好了。”

尤其是随着相处的时间久了，当激情退去，谁都会疲惫，节日礼物没有新花样了，情话也讲得没创意了，每天的话题更是越来越无聊……

慢慢地，你们对彼此的不满开始增多，争吵开始频繁，曾经的怦然心动变成了说不出口的看着就烦，曾经可爱的某某变成了固执的某某。

感觉就像是，爱情越来越苦，糖显然不够用了。

但我想提醒你的是，生活并不总是一地鸡毛，你先可爱了，生活也会跟着可爱起来；爱情也不总是鸡飞狗跳，它既适合吵吵闹闹，也适合亲亲抱抱。

谈情说爱最快乐的事情不是有求必应或者唯命是从，不是有了公用的钱包或者可以炫耀的颜值，也不是为了打发时间或者排遣寂寞，而是生活中所有的无聊或有趣，你都可以找人分享；是这漫长的一生中遇到的磕绊和纠结，你都有人商量；是这不静也不好的岁月中有一个特别的人，让你觉得活得岁月静好。

因为你不能一个人看完世界上所有好看的书，不可能一个人经历完所有世界上美好的事情。他没有看过《傲慢与偏见》的故事，你也不知道宇宙黑洞的秘密，但你们可以互相说给对方听。你们得到的美好是双倍的美好。

你可以对他说："我午饭吃了 18 个虾仁水饺，下午打了 37 个嗝，喝了 6 杯凉白开。"他可以跟你说："我下楼散步的时候遇见了一只小泰迪，使劲地对我摇尾巴，还咧着嘴巴对我笑。"

你可以问他："晚餐是点个外卖对付一下，还是自己下厨弄个简餐？"他可以问你："新买的鞋子是配牛仔裤好看？还是再选一件运动衫？"

你可以跟他玩个浪漫："嘿，一起去看星星吧，我请客。"他可以调侃你："你吹蜡烛的样子就像一只灭火器。"

所以，不要紧盯着对方身上的缺点不放，吵架从来都没输过的人，这一辈子注定会无欲又无趣；也不要紧盯着对方的过去不放，以前的故事和事故就都不要再追问了，就当你们都是从今天才开始活的。

而是多说废话，多在对方身上挖掘优点，你会发现，眼睛才是世界上最好的修图软件——就算他胖成球了，在你眼里也是一颗闪闪发光的水晶球。

愿你能成为一个坚定的人，既能被某个人坚定地选择，也能坚定地选择某个人。

3/

我知道，有太多的中学生、大学生，为了谈恋爱而放弃了学习，因为失恋甚至不惜糟蹋自己的生命，以为只有守住了爱情，才算是“无悔青春”；以为失去了“挚爱”，活着就没有意义。

我也知道，有很多人在恋爱之后就把爱情当作唯一，一切都围绕爱情展开，一切都在为爱情让步。

但结局往往不尽如人意，很多人在失去了爱情的同时，一并还葬送了自己的未来。而那个曾以为非他不可的人，却再也没有出现在你的生命里。

你以为是他辜负了你，其实是你的成长没有跟上他的脚步罢了。

你愤慨于一份感情被双方父母生生毁掉，其实不过是在理智的父母们看来，你和他的条件不够般配罢了。

最舒服的关系，永远都是强者对强者的欣赏，而不是弱者对弱者的同情。

般配不仅仅是说你们的身家、背景、相貌不相上下，更体现在两个人的才学、性格、能力、兴趣和喜好能够势均力敌。

相比于用力过猛地单方面付出，心无芥蒂地大战三百回合显然要快乐得多；相对于死去活来地索要关心，真诚地袒露自己的需要显然要可爱得多。

毕竟，爱是一场旷日持久的博弈，尤其需要两个人势均力敌。

如果对手太强就会让人疲惫，如果对手太弱就会让人厌倦。

换言之，不管你扮演的是爱还是被爱的角色，也不管你此时是处于优势还是劣势的一方，你都不该将自己视为对方的附属品，也不该把对方归类为专属于自己的私人物品。

你们可以聊得热火朝天，可以争得面红耳赤，但你们都清楚，对方只是为了弄清问题，不是在针对自己。

你们共处一室却可以各忙各的，不会担心冷场，也不会觉得打搅了谁。

你们完全地相信对方，到了会下意识地把对方做的事往好的方面去想的程度。

你和异性聊天，他心里有“肯定只是普通朋友”的确信；你暂时联系不上他，你心里也会有“肯定是没看手机”的确信。

你们各抒己见但不会固执己见，不会说“你看看你怎么这么差劲，你再看看那谁怎么那么厉害”，也不会说“你必须如何如何”或者“你应该这样那样”。

你们发自内心地想成为一个更好的人，不允许自己拖了这段关系的后腿，不允许自己把余生“扔”给对方。

两个人最好要有一种默契：你还是你，我还是我，我能欣赏你的独特，你能接纳我的怪异；我知道你浑蛋的地方，你也清楚我在哪些问题上容易炸毛。

我们能自在地面对彼此，也能坦然地接受彼此。我们都期待自己能够变成更好的人，也清楚再好的自己也不过如此。所以我们不会因为对方变好了就妄自菲薄，而是想要努力与之匹敌；我们不会因为自己暂时取得了成绩就觉得自己比对方厉害，而是相信对方取得好成绩是早晚的事儿。

最好的爱情，不是“你负责赚钱养家，我负责貌美如花”，而是“你哪哪都好，我也样样不差”。

最好的爱情，

不是“你负责赚钱养家，我负责貌美如花”，

而是“你哪哪都好，我也样样不差”。

是你在玩手机，还是手机在玩你

1/

玩一天手机是什么体验？

大概是，你在前一天晚上捧着手机玩到下半夜，所以第二天睁开眼睛就已经是上午十点了。

可你还是没有起床的勇气，于是你习惯性地摸了摸手机。

这也不能怪你，毕竟“人是铁，床是磁铁”。

你最先看的是朋友圈。

你看见 A 去哪里玩了，B 吃了什么好吃的；

你看见 C 的小狗狗换了新造型，D 的小宝宝越来越可爱；

你看见 E 公布了自己一天的行程，F 发了一堆乱码和感叹号……

你挨个给他们点赞或者评论，一不小心，半个小时就过去了。

然后，你“转战”微博。

你关心G男星和H女星到底是谁辜负了谁；

你关心J大神和K大神的争论又出现了什么新证据；

你关心L男孩到底有没有认回自己的亲妈；

你关心M主角又泄露了哪些电影内幕；

你还会操心N国跟P国有没有通过贸易协定，而Q总统又说了什么惊世骇俗的言论……

一不小心，一个小时就过去了。

这时候，你的肚子开始提意见了，你意识到自己该吃饭了。

于是，你打开了外卖软件，这家看看，那家瞧瞧，为了凑足起送价，你也是煞费苦心。

一不小心，半个小时又过去了。

吃饭的时候，你开始看抖音，至于刚送来的外卖是什么，健不健康，好不好吃都已经不重要了。

反正，短视频里的小哥哥、小姐姐都很可爱，好听的歌让你很嗨，而好笑的段子让你每隔几分钟就能笑出鹅叫声。

一不小心，两个小时就过去了。

等到眼睛酸痛，头脑发昏，你终于意识到该休息一下了。于是，你把滚烫的手机往床边一扔，然后揉了揉眼睛，大约过了三十秒，你又情不自禁地拿起了手机。

你也不知道要做什么，也没有人找自己，反正就是放不下手机，于是你开锁，关上，再开锁，没完没了地循环着。

等到自己无意间瞄了一眼窗外，这才猛然发现，外面已经华灯初上，一天就这么过去了。

你稍微有点儿吃惊，夹杂着一些虚度时光的懊悔，但还来不及做反应，你再次拿起了手机。

毕竟，朋友圈里又有了新动态，微博里又有了新鲜事，淘宝里又有了降价提醒，影视剧软件里又有了新剧情……

就这样，不用脑子的愉悦逐渐被巨大的空虚和焦虑所替代。

久而久之，你既没有了仙气，也没有了烟火气。

手机玩得越多，你就离现实越远。

你看着被点赞了几万次的视频，刷着被转发了几千次的微博，喊着和别人一模一样的口号，但所有这些都跟自己的生活没有一毛钱的关系。

你看见的只是别人剪辑过的诗意与远方，却欣赏不了身边的晚霞与落日；你听见的只是别人加工过的快乐，却听不清恋人的期待；你得到的只是隔着屏幕的泛泛之交，却感受不到身边人的关心和需要。

那么请问一下，是你在玩手机，还是手机在玩你？

2 /

我是第二天早上才看到他的私信的，内容很长，而且文笔很好。

他说他很焦虑，得了一种“即使没什么事也要盯着手机”的病。

他说他一天到晚就想玩手机，而一旦掏出手机，其他的事情就会变得异常艰难。

推进工作进度很难，看完一本书很难，下楼运动很难，上网络课程很难，洗澡很难，甚至就连哄女朋友都很难……

他说他每天都很焦虑，“就像头上总是跟着一团黑云，现实生活一有什么风吹草动，心里马上就有一场狂风暴雨”。

更严重的后果是，越来越多的计划都搁浅了，越来越多的喜好都无感了。

他一边自责，一边失控，就像猎人射完了最后一支箭，但依然没有命中目标。

就是那种，明知道一直玩手机不好，也知道应该放下手机，但就是战胜不了手机这个“恶魔”。然后什么都不想做，做什么都提不起精神，等到事情搞砸了，就安慰自己说："算了，都已经这样了，还是继续玩手机吧。"

在私信的结尾，他连发了三遍："我该怎么办啊？"

我回答道："继续玩呗，毕竟这样的好日子已经所剩无几了。当你成家立业，上有老、下有小，还有房贷、车贷的时候，你脑子里想的只会是'如何赚钱'。所以，玩吧。"

我能说什么呢？

让你关机？你忍不了十分钟就会重启。

让你把手机交给别人看管？你不到两个小时就会抢回来。

让你把充电器扔掉？你会慷慨地再买三个。

让你把手指剁了？你会用脚趾玩！

手机会给人一种错觉，让人误以为自己很重要。

但实际上，你真的没有那么多需要立刻回复的信息、电话；你的微信、微博里的新内容也并不需要你及时地点赞或者评论。

与其浪费时间去刷无聊、刷寂寞、刷空虚，不如好好经营现实中的友情、亲情和爱情。

就算你每隔五秒钟打开一次微信，不想理你的人还是不会理你；就算你一件不落地了解世界的大事小情，与你无关的事还是与你无关。

如果你把大把的时间都用来接收这些无用的信息，你哪有时间去变成有用的人?

更严重的后果是，一旦你习惯了这种“低成本、高回报”的刺激，你就很难去做那些“高投入、回报慢”的事情了。

那么你呢?

旁人劝你放下手机，劝你卸掉抖音、微博、淘宝、知乎、今日头条，劝你读几本喜欢的书，劝你到楼下随便走走，劝你去外面骑骑车，劝你去见见朋友……

可一天下来，你最终却发现：还是玩手机最省钱，最省心，最有趣。

你甚至觉得：离开了手机，连买一瓶矿泉水都好麻烦。

好不容易聚了一回，才聊了三句话，你就低头刷手机去了，然后回家发朋友圈，精修几张诱人的食物图，再配上一句“今天和朋友聚会，聊得挺开心的”，然后就非常满足地等着别人成堆的赞和评论。但实际上，你并没有参与聊天，也并没有开心。

你的社交变了一种画风，由从前的觥筹交错、推心置腹，变成了“饭饭之交”和“点赞之交”。

就像是在提议：“有空一起去玩手机吧”“很高兴跟你一起玩手机”“我想你了，好久没有一起玩手机了”“很开心跟大家聚在一起玩手机”“下次一定带上充电宝招待你们”……

和家人见面，你照旧是手机不离手。骨肉至亲说了什么你都在敷衍了事，却和那些八竿子打不着的网友聊得热火朝天。

你在手机里看着别人吃喝玩乐、到处走走停停，看着别人撸猫玩狗，寄情山水天下。

你也曾想过回归现实生活，但当你关掉手机之后却突然发现：现实里一片狼藉，自己既没什么朋友，也没有诗意和远方。

你甚至觉得：不是自己爱玩手机，而是除了手机之外，自己无人理睬。

情绪不佳的时候、遇到困难的时候、无所事事的时候，你的第一反应都是拿起手机，然后像个机器人一样点点点。

以至于不管你哪里不舒服，你妈妈都觉得你是玩手机玩的。

对你来说，停电一天可以，但手机没电一分钟都不行；一个人待着，人间还不错，但如果没有信号，那人间就是炼狱！

成天嚷嚷着要自由，但真给你自由的时候，你反而不知道该做什么了，只会躺着玩手机，坐着玩手机，站着玩手机。

结果是，当你的网络或者设备正常运转时，你也正常运转，而一旦你的设备或者网络出现了问题，你也随之出问题了。

3 /

iPad 在 2010 年首次发布的时候，乔布斯曾经这样描述它："这是一个非凡的设备，你会得到前所未有的浏览体验，那将是难以置信的感受。"

数月之后，iPad 火爆上市，《纽约时报》的记者采访乔布斯："你的孩子一定非常喜欢 iPad 吧？"

结果乔布斯回答说："他们还没有用过 iPad。在家里，我会严格限制他们使用电子产品。"

巧的是，在硅谷有一所学校规定："学生在八年级之前不允许使用电子产品。"

而让人吃惊的是，这所学校的学生家长大部分都是硅谷的技术高管。

这些最熟悉电子产品的人为什么要让自己的孩子远离电子产品？

那是因为这些人最清楚：电子产品有多诱人，就会有多害人！

这些设计手机和手机软件的人，为了让你用起来更方便、玩起来更过瘾，会挖空心思地研究你的习惯、需求和爱好，他们会对一个按钮的位置、大小、形状和颜色反反复复地推敲，会对某项功能给人的愉悦感受进行来来回回的测试和调整，并最终给出一个最令人舒服、最容易让人上瘾的方案。

他们会设置诱人的目标，比如分数和排名；他们会给出不可抗拒的及时反馈和互动，比如点赞、评论；他们会让你毫不费力地挑战成功，比如游戏的升级；他们会制造一个又一个的悬念，比如影视剧作品。

他们还会根据你的喜好来定制内容。

比如你喜欢这个款式的鞋子，那么你界面上都是类似的东西；你喜欢炒股，那么你看到的都是股票的信息；你喜欢体育，那么到处都是体育新闻。

更可怕的是，你看不到尽头。

假如你是看杂志或者读书，当你读到一页、一篇、一本的结尾时，你会有机会停下来想一下：是继续读下去，还是干点儿别的?

但电子产品提供的内容却是滚动出现的，视频结束了一个还有一个，游戏结束了一局还可以再来一局，段子看完了也还有更好玩的……

换言之，每个手机软件背后可能有成百上千个设计师在想尽一切办法把你留在手机面前。

除了内容，还会配合各种各样的消息、提醒、更新、邀请、短信……随时随地把你的注意力拉回到屏幕上。

手机看似是在对你投其所好，但实质却是在给你戴上镣铐。

你一个涉世未深的人，怎么可能敌得过那些“老谋深算”的产品经理？

普通的你就像是实验室的小白鼠，很难在如此强大的诱惑面前不动声色。

除了诱惑，人类的基因也要负一定的责任。因为对动物而言，长时间专注于一件事情是非常危险的。

简单点儿说就是，你在看书的时候，你的脑子会对你发出指令：“喂喂喂，小屁孩，注意观察环境。小心脚下，别踩空了；小心前面的灌木丛，里面可能有只白眼狼；小心隔壁山上的老王，他随时可能冲过来抢你的烧烤味薯片。”

但我想提醒你的是，难做的事情和应该做的事情，往往是同一件事情。

毕竟，你不需要像远古的祖先们那样面对危机四伏的森林，你需要的是注意力的聚焦，把你的时间、精力、才华统统用在最重要的事情上，就像阳光通过放大镜那样，把一张纸烧穿。

你必须专注于某一个目标，才有机会拿下它，才不会被那个左顾右盼的自己带进一个效率极低的尴尬境地，才不会被拖拖拉拉的自己断送了本可以更加美好的未来。

生而为人，你要有骨气，不能别人让你看什么，你就看什么。

4 /

今日头条的张一鸣先生曾说过这样一种观点。

他说人可以分为两类：一类是追求效率的少数精英，他们知道自己想要的是什么，所以能够做到心无旁骛。

另一类则是大部分需要围绕一个东西打转的人，不管这些东西是游戏、小说、爱情，还是今日头条，有些人需要沉迷其中。

那么你是属于哪一类？

你觉得是工作离不开手机，可你本来是打算用手机给电脑传一个文件，结果拿起手机就忘记了初衷。

热搜榜让你不可自拔，每一个突发事件你都想知道起因、经过和结局，每一个上榜人物你都想知道他的前世今生。

你曾想用手机学习、看书，还专门列了详尽而且丰富的学习计划和生活计划，还曾信心满满地觉得在地铁上、出租车上，在排队时，可以把那些碎片化的时间都利用上。

但事实是，你往往是一页电子书都还没读完，就已经不知不觉地点了十个 App（应用程序）。

你曾积极地参与“知识付费”，但对你而言，知识付费最明显的效果是“付费了”，至于有没有得到知识？自己读了些什么？你的脑子几乎是一片空白。

你以为手机可以帮自己拓宽视野，摆脱无聊和寂寞，结果却被手机推到了脑袋空空、两手空空，同时和真正重要的人渐行渐远的尴尬境地。

你以为可以用手机去充分利用碎片化的时间，却没想到最先碎掉的是你的注意力。

手机并没有帮你打发掉碎片化的时间，而是把你的时间打成了碎片。

5/

哦，对了。

手机终究只是一个工具而已，它的意义在于为生活锦上添花，而不是落井下石。

跟手机较劲的时候，你得有“躲”的智慧。通俗地说就是：我打不过你，我还躲不过吗？

怎么躲呢？我总结了五个亲测有效的方法：

第一，关闭所有的软件提醒，包括通知、声音、震动，但来电除外，以防急事。

第二，学习或者工作的时候，务必把手机调成静音模式，并放在视线之外，然后抽出一个时间去集中处理信息。

第三，给自己下一个死命令：手机不许上餐桌，不许进卫生间，不许上床。

第四，每天定一个具体的目标，越具体越好，然后养成用一大段完整的时间去搞定目标的习惯。

第五条尤其有效，每次准备伸手拿手机的时候，你就问自己："不看会死吗？"

手机并没有帮你打发掉碎片化的时间，

而是把你的时间打成了碎片。

来日并不方长，后会可能无期

1 /

曾看过一个男生的故事，说他小时候和爸爸一起春游，在路上遇见乞丐沿街乞讨。

其他孩子的家长都在警告孩子：“你不好好学习，将来就会像这些乞丐一样，只能讨饭吃。”

而这个男生的爸爸则语重心长地对他说：“你要好好学习，将来才能让这些人都有工作，不用活得这么糟糕。”

曾听到一个女生说，她曾和几个补习班的朋友逃课出去玩，结果模拟考试被老师惩罚性地给了零分。

其他家长都会打骂自己的孩子：“啊，这么贵的补习课，你对得起我吗？你知道我赚钱有多不容易？”

而这个女生的爸爸则笑呵呵地对她说：“今天去吃火锅，庆祝你人生中唯一一次考零分。”

曾听到一个大龄男青年说，他曾对妈妈坦白：“我最近在暗恋一个有钱人家的女儿，她人很漂亮，而且很有修养……”

如果换作别的妈妈，可能会打断儿子的陈述，然后嘲笑说：“你也不撒泡尿照照自已。”

而这位男生的妈妈则乐呵呵地听了好半天，然后鼓励他说：“喜欢就去追啊，你有机会接触到这么优秀的人，这说明她命中注定有此一劫。”

曾听过一个开窍比较晚的男生说，他八岁才会算五十以内的加减法。

如果换作别的家长，估计早就被气得中风了。

但他的妈妈却当众对他竖起了大拇指，并且一脸兴奋地说：“我儿子真棒！”

曾听过一个成绩常年在班级里倒数的女生说，她曾经非常绝望地问爸爸：“我是不是真的很蠢？”

如果换作其他的家长，可能会露出不耐烦的表情，然后再打击几句。

但这个女生的爸爸对她说："你知道吗？锅越大，水烧开就越慢。别人只是锅小而已，所以很快就开了。但是你的锅大，得慢慢开。你现在可能不如别人，但你以后一定会比别人做得更好！"

曾听到一个品学兼优的女大学生说，她曾在妈妈面前哭得声嘶力竭，因为自己暗恋多年的班长和一个智力、长相、家境都远不如自己的人在一起了。

如果是别的妈妈，可能会对孩子说"你就不能有点儿出息"或者"那个男生瞎了眼"。

但这个女生的妈妈则是说："不是只有第一名才有资格被人喜欢，不是最优秀的人也可以被人喜欢的。"

曾听到一个孕妇说，她在老公出轨之后，就向妈妈透露了离婚的想法。

这要是别的家长，可能会劝劝她："为了孩子，你再想想吧。"

而这个孕妇的妈妈则说："你想离就离，孩子想生就生，你养得起自己，也养得起你肚子里的孩子。"

家长对子女的宽容、理解、尊重会变成灵魂的盾牌、肌肉和能量，足以让子女在日后的风雨人生中步伐稳健、底气十足。

相反，家长对子女的刻薄、诋毁、冷漠会变成情绪的绑匪、牢笼和黑洞，足以摧毁子女本该光明的人生。

如果你用爬树来判断一条鱼的能力，那么这条鱼只能用一生来相信：自己只是一个蠢货。

对子女来说，有人偏爱，就像有人撑腰似的，做什么都会底气足一些；没有人爱，这漫长的一生就像是犯了错误一样。

也就是说，能拥有善解人意的父母绝对是一个人此生当中最大的福气，因为只有极少数人才能如此幸运，幸运到父母没有阻挠自己，而是在成全自己。

2

在东北有一种很好玩的“怼人”文化，就是孩子跟家长要什么，孩子就会变成什么。

比如大鹏说：“妈，我想吃一根冰棍儿。”

他妈妈就会说：“我看你就像冰棍儿。”

比如大鹏说：“爸，我想看会儿电视。”

他爸爸就会说：“我看你就像电视。”

作为土生土长的东北人，大鹏的父母在怼人这种事上的造诣绝对是大师级的。

有一次，大鹏在微信里对他妈妈说：“大连的冬天可真冷啊，风咬得我骨头都疼了。”

结果他妈妈回复道：“你身上那么多肉，风怎么可能咬得到你的骨头？”

还有一次，大鹏在电话里问他爸：“我能不能找个年纪比我大一点的女朋友？”

结果他爸爸先是“切”了一声，然后说：“有人喜欢你的话，比我大都行。”

虽然被怼了很多年，但大鹏堪称是孝顺的典型。

有个雪天，大鹏独自加班到晚上八九点，在公司门口看见有个老太太躺在地上，眼镜腿还把她的脸给刮破了。大鹏二话没说就把老太太扶了起来，又是联系老太太的家人，又是擦拭伤口，还给老太太买了热奶茶，直到老太太被她的家人接走。

我问他：“四周都没有人做证，你怎么就敢扶她？”

结果大鹏笑着说：“我也不敢啊，但我怕我的爸妈摔倒的时候没有人扶。”

我又问：“加班那么晚，你干吗那么拼？”

他的回答让我终生难忘：“我希望我的爸妈在给他们自己买东西的时候，能像给我买东西那样干脆。”

微信刚出现的时候，大鹏就手把手地教爸妈玩微信；微博刚火的时候，他就特意买了两部智能机教他们玩微博；抖音火了，他又给二老买了 iPad，还骗他们说是公司发的，没花钱。

结果是，他妈妈成了小区里赫赫有名的“微信斗图大王”，没有谁的动图有他妈妈的新奇和搞怪，大鹏时不时还会让妈妈给自己多发一些，说是要哄女朋友开心。

他爸爸则成了粉丝过万的抖音小网红，视频里经常发自己写的毛笔字和晨练时打的太极拳，甚至有不少人慕名想要拜他为师。大鹏则时不时地向爸爸请教怎么拍摄视频，怎么跟粉丝互动……说是为了工作所需。

大鹏一有时间就带着爸妈出门闲逛，然后拍一堆照片回来，哪怕是最没劲的“到此一游”式的摆拍，大鹏也表现得极具耐心。

因为他知道，对父母来说，重要的不是去哪里玩，而是和谁去玩了；重要的不是拍得美不美，而是这些照片能让他们在朋友圈里炫耀好多天。

尽孝的方式有两种：一是努力让自己成为父母的骄傲；二是尽可能地让父母觉得他们还有用。

怕就怕，你的青春叛逆遇到了他们的不善表达，结果就造成了两代人的“冤冤相报”。

你搞不懂父母为什么会因为你在家睡了一天而生气，明明你远离了外面的纷纷扰扰，没有闯祸，没有乱花一分钱。

父母也搞不懂你为什么那么爱玩手机，明明给了你舒服的生活和学习环境，明明给你报了那么贵的补习班，买了那么多的学习资料。

结果是，最容易让你喜出望外的居然是个陌生人，因为你从未对他有任何期待，所以他给了一点点好就让你格外感动。

而最容易让你失望的居然是父母，因为你习惯了他们的爱，所以就算他们把最好的都给了你，你依然觉得不够。

你对外人百般温柔，对父母却万分刻薄。

你一边啃着老，一边埋怨父母没钱没权没本事；你一边对父母大吼大叫，一边在父亲节或者母亲节的时候发着“子欲养而亲不待”的感人段子。

甚至还在安慰自己说“来日方长”，然后向他们许诺“等有时间了”，可这样的鬼话除了能成功地骗到你自己，还有谁信？

没钱带他们出门旅行，那陪着他们下楼走两圈总行吧？没时间经常见面，那在视频里好言好语地聊几句总行吧？

实际上，你只是对父母没时间，却有时间刷微博、发朋友圈，有时间跟那个对你爱答不理的某某尬聊，有时间一口气看十集连续剧。

我所理解的不肖子孙就是，当你向父母索取的时候，父母总是担心自己给得不够；而当父母需要你的时候，你却心安理得地大打折扣。

3/

父母有多伟大，为人父母的时候最清楚，比如梓怡。

结婚之后，别人都劝她早点儿生孩子，形容孩子是天使，身体软软的，笑得甜甜的，而且比老公还要亲，说将来她老了病了，孩子会不离不弃地照顾她。

但生完之后，她才意识到，孩子就是戴着天使面具的魔鬼。

她的身体不再属于她了，而是孩子的食堂；她的灵魂也不是她的了，而是孩子的奴仆。

不管她一整天有没有吃东西，孩子饿了，她就得把这个亲生的小恶魔喂饱。

不管她一整夜睡没睡觉，早上 6 点半，她亲生的冤家就一定会准时地把她从被子里“挖”起来。

当她领着孩子在商场里逛了半天，然后饥肠辘辘去吃肯德基的时候，刚咬了一口汉堡，孩子就拉屁屁了。她就得着急忙慌地抱着孩子进厕所，一通收拾再回来，发现桌子上的东西都被服务员当成垃圾收走了。

当孩子感冒发烧的时候，她要全程抱着孩子排队挂号，陪着他打针吃药，胳膊和腰累得都像要掉了一样但还得咬牙坚持，那时候才真正明白什么叫生不如死。

可即便如此，在孩子一周岁时，她发的朋友圈是：“生你之前，你妈妈已经痛了一天一夜；生你那天，好多医生、护士大半夜起来迎接你。你以后可千万不要说人间不值得。”

在和孩子一起乘坐飞机时，遇到了颠簸的气流，她的第一反应是：“如果发生了意外，我愿意用我的命换孩子活着。”

父母有多伟大呢？

你懒，你不努力，你任性还爱顶嘴，你对他们没有好脸色，你嫌他们啰唆，但他们却几十年如一日地爱着你、惯着你……这并不是他们欠你的，只是因为他们爱你而已。

如果可以陪你，他们甚至不舍得让你见识到江湖的险恶，甚至希望你一直长不大，甚至希望你永远天真、善良、活泼，永远带着孩子气活着。

但因为他们深知自己不能永远陪你，所以他们希望你早点儿长大，变得强大，以便你在未来没有他们的日子里，能不被欺负，不受伤害……

然而可笑的是，世人都想拯救地球，却没有人帮妈妈洗碗。

不是“唯美食与爱不可辜负”，而是“唯前途和父母不可辜负”。

当有一天，你发现妈妈煮菜难吃，发现爸爸老咳个不停，发现父母喜欢吃稀饭，过马路反应慢了，不再爱出门……这不表示父母越来越讨厌了，这只能说明：你的父母真的老了！

而此时，你想不起来父母是从什么时候调整了对你说话的语气和姿态的，反正就是突然发现，他们和以前不一样了，没有了命令、威胁和责骂，更多的是唯唯诺诺和小心翼翼。

就像你再怎么使劲都想不起来，到底是哪年哪月哪日，父母把你从怀里放在了地上，然后就再也没有抱起来了。

父母是子女前半生唯一的观众，子女是父母后半生唯一的依靠。希望父母不要错过了子女的前半生，也希望子女没有错过父母的后半生。

人生能留下的，只有遗憾和剩饭。

关于感情，失去是最好的教育；关于活着，死亡是最好的教育。希望大家趁早明白：懂得珍惜，才配拥有。

世界上最糟糕的感觉莫过于，当有一天，父母不在了，你感觉自己，来路不明。

4 /

前阵子，一组名叫《爸，其实我早恋过》的漫画刷爆了朋友圈。

漫画中的男生有一段精彩的内心独白："我觉得爸妈其实不了解我，他们不知道自己的孩子写情书有多厉害，他们不知道自己的孩子其实挺受欢迎的，他们不知道自己的孩子失恋了也吃不下去饭。我本来打算跟他们提一下的，但是我不敢，因为大人们反对早恋。但其实关于早恋的事情，该经历的我都经历了，唯一可惜的是，爸妈没有陪我一起经历。"

在结尾，男生说出了无数少男少女的心声："我更想看到的是，父母告诉自己的孩子：别怕，喜欢就和他在一起；别难过，分开了就和我们在一起。"

其实，父母和子女之间是必然会存在误解的，因为子女看不到父母的前半生，父母也看不到子女的后半生。就像是，你不知道我从前经历过什么，我也不知道你想去往何方。

脾气火爆的家长会一边咬牙切齿地揍孩子，一边疾言厉色地斥责："你认不认错？你说一句'我错了''我再也不敢了'，我就不揍你了。"

可孩子宁愿选择挨揍，也不肯服软。因为在孩子看来，自己没错。

声音洪亮的家长会一边吼孩子，一边告诉孩子："妈妈吼你，是因为我爱你。"其实是家长混淆了自己的愤怒和好意。

更严重的后果是，孩子也会变得像家长一样，越来越习惯于用发脾气的方式来表达自己的爱。

做家长的可能不知道，每次在电话里听到你提起那些童年伙伴的名字，你的孩子可能会非常难过，非常焦虑，感觉就像是在听一场赛事解说，谁结婚了，谁生孩子了，谁买车了，谁升职加薪了……而自己成了父母的赛马，还需要努力跑得更快些。

如果一个乖巧、聪明、学习好的孩子是所谓懂得感恩的孩子，不是这样的孩子就对不起父母，是逆子，那么，根据对等原则，不聪明、没有钱的父母，是不是就可以被自己的孩子歧视？婚姻关系处理得一团糟的父母，那是不是应该被永久剥夺催婚权？

比起不努力的孩子，我更担心不上进的家长；比起不爱学的孩子，我更担心不去玩的大人。

我想对家长说的是：

如果你把逼孩子的劲头用在你自己身上，你的孩子早就成了富二代了。与其望子成龙，不如你自己先变得勤快一些。有空的时候读读书，孩子自然耳濡目染；忙碌的时候就认真努力，孩子自然也上进。

事实上，孩子不会按照父母期待的那样长大，而是会按照父母本身的样子长大。

我想对子女说的是：

你可以过你想要的那种独立生活，但你也需要给父母一些参与你生活的机会。理解他们的不容易，尊重他们的不变通。

当你将来有了孩子的时候，要不断地告诫自己别再犯父母那样的错误，要决心做一个开明和有爱的父母。

事实上，所有不懂爱的父母都曾是没有得到爱的孩子。

5/

哦，对了。

最新的科学研究表明，孩子挑食的主要原因是，家长做的饭不好吃。

世界上最糟糕的感觉莫过于，
当有一天，父母不在了，
你感觉自己，来路不明。

惜命最好的方式不是及时行乐，而是严于律己

1/

和橘子小姐一起喝咖啡，我习惯性地灌了一大口，结果她慢悠悠地说了一句：“我真的是太喜欢熬夜了，我真觉得我上辈子就是个路灯。”

然后我就笑喷了。

等我手忙脚乱地收拾了现场，她递给我一份体检报告，我看到“肿瘤”这个词的时候就猛地把报告合上了。

她捂着嘴巴笑，然后指着我说：“是良性的。我拿到这份报告的时候，反应跟你一模一样。”

然后她翻开报告，指着其中一页的“良性”两个字对我说：“世界上最动听的话真不是什么‘我爱你’，而是‘你的肿瘤是良性的’。”

我问她发生了什么，她就粗略地说这个没什么大事，说注意休息就没问题。

再然后，她省掉了医生的告诫，省略了这个肿瘤会带来哪些影响，而是着重跟我强调了“休息”的重要性。

我问她：“那你以前为什么不早点儿休息？”

她反击我：“你以为是我愿意吗？那么多的工作堆在那里，那么多……”

我插了一句：“嗯，当然不是你愿意熬夜，是黑夜需要你这颗璀璨的星星。”

她笑呵呵地说：“以前睡不着觉，我也数过羊，但别人数羊都能睡着，我是越数越清醒。每次数着数着，我就觉得有几只小羊会站出来抗议，说‘喂喂喂，你能不能用心一点儿，你都已经数过我一次了’。”

她抿了一口咖啡，接着说：“也不知道是因为怕死，还是因为医生的手段太高明了，最近一个月，我的作息规律得像个机器人。”

我问：“医生的手段是什么？”

她说：“医生知道我喜欢熬夜，知道我没什么自制力。所以他就要求我和他打赌，如果我晚上 11 点钟还没有睡觉，就给他打三百块钱。”

讲到这儿的时候，她“扑哧”就乐了：“你也知道，我是个财迷，熬夜眼睛疼什么的都可以不在乎，但是给人打钱就会特别心疼。”

我又问：“那现在感觉怎么样？”

她得意地说：“现在每天很早就睡了，每天的精神状态都超好，前几天的复查结果显示，肿瘤小了一丁点儿。”

一个人最好的状态是：每一夜都能干干净净、心安理得、筋疲力尽地入睡，每一天也能清清爽爽、心平气和、精力充沛地醒来。

所谓熬夜，就是让自己和医生的距离再近一点儿，就是把第二天的生活难度再提高一档，就是把生命的长度再削掉一截。

那么你呢？

白天不努力，晚上不休息，然后揪着头发焦虑地喃喃自语：“活着怎么这么累？”

管不住嘴，迈不开腿，然后躺在床上用力地思考：“别人怎么可以那么美？”

同样是二十四个小时，你的早晨从中午开始，你的晚上从零点开始。

同样是看连续剧，别人是一晚上看两集，你是一晚上看两季。

也就是说，你熬夜是因为你的意识深处在惩罚你今天丝毫没有进步，没有任何经验和阅历的上升。

结果是，一看文档就“好困呀”，一碰哑铃就“好累呀”，一提喝酒就“好的呀”。

你可能会觉得：“熬夜有什么关系？自己的命，当然是怎么舒服怎么来，小痛小病的都无所谓。”甚至还会天真地认为：“人类的寿命会增长到 100 岁，甚至更多。到老的时候，现在担心的这些毛病，像肥胖啊，高血压啊，痛风啊，白内障啊，老年痴呆（医学上称阿尔茨海默病）啊，癌症啊……肯定都有治疗的办法。”

但我想提醒你的是，活到 100 岁和忍到 100 岁，是两种完全不同的命运。

休息就像是花 10 块钱进停车场里停车，可很多人不愿意花这个钱，等到被交警贴条了，然后缴 200 元罚款的时候才咬着牙说：“真是倒霉啊，早知道进停车场就好了。”

同样，当你的健康亮起了红灯，需要花两万、二十万、两百万的时候，甚至是想花钱都没办法花出去的时候，你就会发现：“哎，早知道平时注意休息就好了。”

休息不是要改变你的生活，而是为了防止你的生活被改变。

生而为人，要么就谨慎地选择有所不为，要么就身不由己地任凭命运摆布。

关于活着，死亡是最好的教育。当你享受着健康的身体给你带来的一切时，你就会细心地呵护它、保养它，以期让它走得更稳点儿，也更远点儿。

你就会明白，熬夜不是励志，而是在透支；英年不该早逝，而该早睡！

真的，早点儿睡吧，留给你的头发不多了！

2/

我常常记不住刚刚结束的午饭吃了什么，但我的人生中有几个特别难忘的时刻。比如献出初吻，比如第一本书面世，比如给小智打的那个电话。

小智是我小学四年级的同桌，前阵子偶然得知他查出了癌症，还是晚期，我整个人都快要蒙掉了。

在电话里，我问他："感觉怎么样？"

他乐呵呵地说："感觉特别好玩。以前感冒发烧什么的，就觉得难受得要死了；现在真的要死了，居然还感觉挺好的。"

全程我都不知道该说点儿什么，反倒是他在不停地劝我，劝我不用担心，劝我要注意养生，并一再强调“我们的身体远没有我们想象的那么耐用”。

他说他已经这样了，挣扎了大半年，痛不欲生了大半年，所以不希望再有人像他这样遭罪了。

他说自从考上大学之后，就以为自己脱离了父母的管束，以为拥有了自由自在的生活，但代价是：饮食没规律，作息没规律。

因为懒，他常常是吃了上顿，忘了下顿，等到觉得饿了，就点一堆外卖，垃圾食品和暴饮暴食就成了他生活的关键词。后果是，他的体重一路飙升的同时，老胃病也开始一犯再犯。

因为爱玩游戏，他经常是下半夜两三点才睡觉，有时候和室友吹牛聊天，整晚不睡觉也是常事。

一开始，他不觉得有什么问题，就算胃痛得想死，但是一进入游戏世界就忽略了；就算是熬了一整夜，第二天早上起来洗个冷水脸就能生龙活虎一整天。

后来，眼前发黑、手脚发软的小症状越来越频繁，直到有一天熬夜游戏，他一头昏倒在电脑前，后来做了全身体检，这才发现心脏出了问题，胃上长了瘤子……

年轻不是资本，只有建立在健康和努力的基础上，年轻才算是资本。

在很多人身上，年轻仅仅意味着随便犯错和随时犯懒，意味着健康上的债台高筑和情绪上的兵荒马乱。

结果是，暴饮暴食让你得到了大快朵颐的乐趣，却让你忽略了身体的负荷；不规律的作息让你享受到了黑夜带来的放纵感，却使你忘了身体已经严重超载。

我想说的是，你的身体是个仙境，是个圣殿，不是个垃圾桶。

那么你呢？

让你每天喝八杯白开水，你总是觉得好麻烦，但如果让你喝八杯奶茶，只要有人肯请，你是来者不拒。

每天徘徊在吃饱和吃撑之间，还天天念叨着一堆歪理：“既然喝水都长肉，那我为什么不喝可乐？”“肉长出来还可以再减，但那些零食过期就不能再吃了。”

别人月入十万，你是月入十万卡路里；别人用着 512G 内存的手机，但胃似乎只有 16G；而你用着 16G 内存的手机，但胃像是有 512G。

别人说烧烤吃多了会增加癌症的风险，你照吃不误；别人说零食吃多了会造成肥胖，你依然是停不下来。但如果别人劝你跑跑步，你就会担心“腿会因此变粗”；如果别人劝你节制饮食，你就会顾虑“瘦下来会不会有什么副作用”。

你为减肥做出的最大努力就是在吃火锅、吃烤肉、吃奶油蛋糕的时候，配了一瓶无糖的饮料。

久而久之，你的肚腩就像是你人生的年轮，记录了生活对你的不宣而战，以及你对赘肉的不战而降。

你的眼袋就像是你心灵的窗台，展示了你灵魂的窘迫，以及你心事的落款。

我并不是单纯地鼓励“以瘦为美”，而是因为残忍的现实是：你买十件漂亮的衣服也不如瘦十斤好看。

良好的体态和线条，会让你有更多的选择。你不会因为胳膊太粗而不敢穿无袖的；不会因为腿太粗而不好意思穿短裤。你的最终选择不再是基于“遮丑”，而是为了彰显个性。

同样，买十支口红也不如皮肤自然光亮好看，吃十斤人参也不如早睡早起让你有精神。

人生确实有很多的“身不由己”，但不要忘了自己一直都握有选择的权利：

几点上床睡觉？几点手机关机？

这顿饭吃什么？吃到几分饱？

这块排骨要不要拼了命地塞进肚子里？这饭碗盛满了还要不要再压一压？

这瓶可乐要不要全都灌进胃里，喝完这杯奶茶要不要再来一杯？

吃完饭是躺在沙发上，还是下楼散散步？散完步是回去再吃一堆甜食，还是再跑跑步？

看完这一集电视剧是马上去睡觉，还是争取一晚上看完全部？刷完微博是马上看看书，还是再刷一刷抖音？

人要为自己的选择负责，负责这一刻的有滋有味和随心所欲，还要负责下一刻的一塌糊涂和每况愈下。

每个人的生活都像是一条长长的人行道，有人自律，他的路就会铺得很平整，而你的路却到处是裂缝、香蕉皮和烟头。

3 /

心理学上有个专业名词叫“道德许可效应”，大意是说，当一个人做了一点儿正面的事情，就会自我感觉良好，因此允许自己做一些反面的事。

比如，你早上锻炼了三小时就说自己“很好”，所以晚上很可能会觉得理所应当地拿一块巧克力蛋糕犒劳自己；考试之前认真复习了半小时的英语，所以就可以心安理得地玩一小时手机。

又比如，觉得自己今天太累了，需要放松一下，所以就刷了一下午的微博；感觉面前的事情有点儿烦躁，需要转移一下注意力，所以就瘫坐在沙发上看了一整夜的连续剧。

如此一来，你瘦不下来太正常了，因为你所谓的“苗条的身材”仅仅只是“节食了两餐”，外加“毫无节制地吃到十二分饱”。

你在工作上毫无进步也是必然的，因为你所谓的“充实的一天”仅仅等于“工作了半小时”，外加“走神了六小时”。

你的健康状况频出也很正常，因为你所谓的“健康体魄”仅仅只是“运动了十分钟”，外加“瘫坐了三小时”。

你的钱包总是空空如也太正常了，因为你所谓的“节俭”仅仅等于“省掉了早餐”“吃一个星期的泡面”和“熬到零点抢几张二十块钱的优惠券”。

你每天的状态都是萎靡不振也很正常，因为你所谓的“精力充沛”仅仅等于“睡了两个半小时”，外加“喝了五杯咖啡”。

其实，毁掉你的大好前程的正是你自己，是你的拖延、自负，是你不健康的饮食和作息，是你越来越失控的情绪，是你思维上的墨守成规，是你越来越频繁地找借口，让你亲手伤害了自己，并谋杀了时间。

如果你能搞定自己，你还怕谁?

怕就怕，你觉得“道理都懂”，但实际上根本就没有听见警钟。

就好比说，别人强调“上学吃外卖真的很不健康”，于是你就建议大家“不要上学”。

就好比说，新闻里提到“一位张姓男子因为熬夜猝死”，于是你就庆幸自己不是姓张。

每天少吃一顿饭确实可以省下一笔钱，但这笔钱你要留着以后看胃病用；一口确实吃不成胖子，但是一口一口接一口就可以；熬夜确实可以防止老年痴呆，因为它会让你活不到老年。

4 /

哦，对了，听说医学院的老师是这么定义医生这个角色的：

“我们所有人的归宿都是火葬场，全在排队，医生的作用就是防止有人插队，时不时地把人从队伍里拎出来往后面排排，当然，有的实在拎不动的也只能随他了！”

当你大半夜踌躇满志的时候，不要总是反反复复地想：“总是有人要赢的，为什么不能是我呢？”

你还可以这么想：“总是有人要先死的，为什么不能是我呢？”

快看快看，那个人好可怜，睡不着人，还睡不着觉。

每天少吃一顿饭确实可以省下一笔钱，

但这笔钱你要留着以后看胃病用；

一口确实吃不成胖子，

但是一口一口接一口就可以；

熬夜确实可以防止老年痴呆，

因为它会让你活不到老年。

改变自己的是神，改变别人的是神经病

1 /

和L先生有过交集的人都觉得他很难相处。比如有人找他借书，如果别人还回来的时候弄脏了、弄皱了，那么L先生就再也不会借给他任何东西了；又比如和他约好了八点五十见面，如果到了时间还没有出现，那么L先生就会马上起身回家。

而我却是例外，借L先生的原话来说就是："你是唯一一个把我的书弄脏了，我还会借第二次的人，也是唯一一个迟到超过半小时，我依然会等的人。"

他"酸溜溜"地讲这句话的时候，我撇着嘴说："我弄脏过你的书吗？我迟到过吗？"

他就嘎嘎地乐，然后把火锅里的肉都夹进自己碗里，再坏笑着说："你跟我客气什么，你倒是吃啊！"

每每这个时候，我就觉得自己翻白眼的技术又精进了许多。

我和L相识多年，不管是开玩笑，还是正儿八经地谈事情，两个人的状态都是放松且随意的。

我们可以随时开始一个话题，也可以随时结束；我们聊天不用秒回，谁觉得累了就随时可以停止。

我们对对方的家庭了如指掌，而且可以毫不见外地打开对方家的冰箱找东西吃。我们送对方出门的时候特别随意，常常讲的临别赠言是:“你走，我不送你；你来，不管风雨多大，一定要记得带点儿东西。”

有一个相处舒服的朋友，就像得到了命运的特殊照顾。就是和他待在一起，你的心里毫无挂碍，感觉就像是坐在池塘边，用脚丫子拍水；就是和他闲聊，你会不知不觉说很多，会期待下一次见面。最重要的是，跟他见面之后，不只是让你觉得他超级好，而且还会让你觉得自己也超级棒。

就是不管什么情况下说出来的话都觉得很坦诚。你骄傲的时候，他会捧你的场不泼冷水；你假装臭屁的时候，他不会当着外人的面说破。

就是他夸你的时候，你不觉得是敷衍；他怼你的时候，你不觉得是刻薄。

就是你分享快乐的时候，他不会觉得你是在刻意炫耀；他诉苦的时候，你不会认为他矫情。

就是不会担心对方有言外之意，即便是一句“不要你管”，你也不会多想。

就是即便对方突然不回复了，你也不用担心对方是不是生气了，或者是不是不认同自己。

就是能一起分享很多有用的、没用的、有趣的、无聊的东西，而你心里不会有任何负担，也不觉得麻烦。

就是你们不需要费力去伪装或者卖弄，不需要刻意迎合或者迁就。

就是可以沉默也不觉得尴尬，可以热闹也不觉得受不了。

就是你知道他的难处，他体谅你的辛苦，彼此之间没有钩心斗角，也不用互相防备。

毕竟，朋友不是你请的保姆，不是拉来垫背、背锅的，更不是被你收押的傀儡，而是和你同样独一无二、个性鲜明的另一个人，是打算和你组团出发，去瞧瞧这个残酷而又美好人间的另一个自由的灵魂。

所以，你想吃撑，他给你买健胃消食片就很好了；你想减肥，他能监督你跑步就很不错了。但是，你不能要求他也撑到胃疼，或者拖着他跟你一起跑十公里。

你无辣不欢，他却吃不了太辣。那么这顿饭要么是吃鸳鸯火锅，要么是自己点自己的最爱。不用非得他陪你辣得要死，或者你陪他吃得没滋没味儿。

你喜欢摇滚，他喜欢古典。那么你就去看你的摇滚巨星，他听他的 CD。不用非得他陪你在嘈杂的现场被震得想死，或者你陪他听得昏昏欲睡。

总的来说就是：久处不厌，闲谈不烦，从不敷衍，绝不怠慢。

一辈子很长，来按门铃的人很多，岂能人人都让你“喜出望外”呢？

也正因为如此，能遇上那么几个还能聊得来的人，真的是要谢天谢地。

朋友之乐就乐在相处舒服上。试想一下，三年五年，十年二十年，你们都保持着紧密的联系，都是对方生命中最重要的人，到了七老八十，还能一起扯皮拉钩，说当年暗恋的某某，讲这样那样的遗憾。

等到要与这个世界告别之时，还能给对方打个电话：“嘿，老东西，下辈子还一起玩啊！”

2 /

情人节的前一个星期，在杂志社当主编的江大小姐兴奋地说：“终于找到喜欢的包包了，我得告诉老曲一声。”老曲是她丈夫，一个略显木讷的程序员。

我问她：“你怎么不等他送，而是开口要？”

她说：“与其等他费心去研究，然后送一个我其实没那么喜欢的礼物，不如直接告诉他我喜欢什么。这样他省心了，我也开心了，多好啊！”

如果是第一次看见他们俩，那么百分之九十九的人会觉得：老曲配不上江大小姐。

我也曾问过江大小姐：“不论是长相、收入还是家境，你样样都比他好很多，怎么就选了他做丈夫呢？”

江大小姐说：“因为跟他在一起很舒服。”

结婚五年来，他们还保持着恋爱的状态——很甜蜜但不腻歪。

他们有完全独立的交际圈子，有完全独立的经济能力，更重要的是，他们在彼此面前是最真实的样子。

比如，他们都不爱折腾，也不喜欢凑热闹。停车太难，他们就卖了汽车，天天骑车；朋友圈是非太多，他俩就关闭了朋友圈；他们也曾有一言不合的时候，但一定会有一方主动让步或者突然笑场。

关于家境，江大小姐说：“我知道大房子很阔气，知道好车很贵，知道某某的未来一片光明，可我更想要舒服的感觉，那些物质的东西我可以不要，或者说，我可以自己努力争取。”

关于长相，江大小姐说：“刚认识他的时候，我曾为他的长相着急，这样一个既文艺又有学问的小爷，老天怎么给他配了那么难看的一张脸？我还替他担心，怕他那一嘴东倒西歪的牙齿，没有姑娘会跟他接吻。可相处下来，我觉得他比谁都好，跟他在一起，我心里踏实，非常放松，非常自在。”

是的，饭要和投缘的人吃，日子要和舒服的人过。

不要找一个只有你的爱人，也别让自己的生活只剩爱情。

爱情固然重要，但如果一味地让爱情在任何条件下都优先，那只会让爱情变成一种负担，从而逼着相爱的人们想方设法地放弃这份爱。

两个人在一起，只是因为这样远比一个人更好玩，更有趣，更舒服。所以别想占有对方，别想改造对方，也别勉强对方。

你可以瘫在沙发上看你的小说，我可以靠在藤椅上听我的音乐剧。我们在一个空间里做着各自喜欢的事情，互不打搅，互不强迫。但是，我可以停下来听听你读完小说的感受，你也可以听听我对剧情的看法。

你可以品你的红茶，我可以喝我的咖啡，我们偶尔抬头碰到彼此的眼光，就“互赠”一个轻松的微笑或者凌厉的白眼，然后继续做各自喜欢的事情。但是，我可以为你泡好茶，你可以帮我煮咖啡。

最舒服的关系就是：我尊重你的热爱，你理解我的喜好。我们各自爱各自的，但不妨碍我们爱彼此！

3 /

有个大学生跟我讲了他的困惑，说他的室友特别爱玩游戏，而他更想学习。

他觉得室友浪费了大好的青春，而且还干扰了自己学习。所以他想带着室友一起去自习，可提了几次之后，室友还是照常玩游戏，而且似乎有点儿讨厌他了。

他问我："老杨，你说我是继续尝试说服他呢？还是由着他去呢？"

我回答说："不管你选哪一种，前提是让人觉得舒服，而不是让人觉得自己有毛病。改变别人其实就是想让自己过得舒服点儿，所以你应该抛弃所谓的正义感。"

如果你准备改变一个人，千万不要抱着"我这是为你好"的姿态，而是要时刻提醒自己："我这是为了我自己好。"

当你提出要求的时候，请你试着剖析自己的动机，而不是一味想着"对方按照我说的做会得到哪些好处"。当你试着往深层次分析，或者对自己坦诚相待时，你就会意识到，自己并不完全是为了别人，所有的好心好意当中都有利己的成分，所有无私的奉献当中都有自私的部分。

大概是因为人和机器的互动多了，人对人的期待就会变得苛刻，以至于很多人的常态是，除了手机，跟谁在一起都长久不了，跟谁在一起都不舒服。

你见不得别人犯错，看不得别人犯傻，受不了别人跟自己不一样，所以你总是习惯性地想要纠正或者改变别人，就好像全世界就只有自己的脑袋瓜子最灵活，就像是开过光似的。

于是，人们常说的“一回生，两回熟”，实际变成了“一回熟，两回生”。

但问题是，谁身上都有一些无伤大雅的小缺点，谁的头脑里都有几个顽固不化的看法，这是他与众不同的标志，不要用自己的标准去要求别人，不要拿自己的是非观去评判别人。

要想拥有一段相处舒服的关系，你就得让对方觉得舒服，所以你要时不时地掐死自己想要改正别人的念头。

蔡康永曾说：“你的原则，你的袜子，都是你的。你的袜子不适合套在我的脚上，你的原则也不适合套在我的头上。”

换言之，你不能把自己的个人喜好当回事，不要把自己的底线变成别人的锁链，否则的话，你在对方的生命中扮演的，很可能只是一个“挡路的路人”角色。

你所谓的“我无意冒犯”，其实就是“冒犯”；你所谓的“我只是想帮你”，其实更像是在强调“你错了”。

你上一秒祝他新年快乐，下一秒就让他不想活了；你今天祝他长命百岁，明天就给他灌了一肚子苦水。

跟你这种人相处，他不如去逛淘宝，至少淘宝推送的都是他喜欢的东西，而你说的却没有一句是他爱听的。

所谓教养，就是做事的时候，很自然地不让人家产生压力；所谓修行，就是让每个靠近自己的人都很舒服。

所以我的建议是：自己不理解的，试着去理解；理解不了的，学会去尊重；实在是尊重不了的，也要想一想再骂。

生活已经很累了，谁都不想勉强自己去经营一段不舒服的关系。

最舒服的关系就是：

我尊重你的热爱，你理解我的喜好。

我们各自爱各自的，

但不妨碍我们爱彼此！

士为知己者装死，女为悦己者整容

1 /

圣诞节聚餐，K 姑娘一直在玩手机，她老公瞄了一眼，然后小声问她：“你怎么还在买衣服？”

K 姑娘一脸坏笑地回应：“天冷了，狗都知道换毛，我买衣服怎么了？”

她老公马上竖起大拇指，众人则哄笑。

K 姑娘爱买衣服，但不太爱收拾。在她恋爱之前，她的妈妈就曾挤对她说：“像你这么懒的家伙，以后有人娶你才怪！”K 姑娘则不屑一顾地回应道：“那我以后就找个爱收拾的老公。”

然而事实上，她老公更不爱收拾。有很长一段时间，他们家乱得就像菜市场，鞋子、袜子和皱巴巴的衣服扔得到处都是。看不过去的时候，K 姑娘也会发脾气，但收效甚微，以至于到现在，99% 的整理工作都是由 K 姑娘来完成的。

旁人都看得出来，婚后的 K 姑娘变勤快了，尽管她不时地对外宣称："再不勤快一点儿，家里的猫都要离家出走了。"

有个闺蜜替她打抱不平："哼，你一个千金大小姐，凭什么给他当保姆啊？"

K 姑娘乐呵呵地说："这有什么关系，他还是个经理呢，回家还不是要给我倒洗脚水。"

合拍的秘密大概就是：我今天妥协一下，你明天妥协一下；我在这里妥协一下，你在那里妥协一下。

你受不了他的臭毛病，但同时知道自己也没有好到哪里去，所以看到他愿意改掉一点点，你也愿意改掉一点点。你和他或多或少地失去了一部分自我，但因此变成了越来越合拍的"我们"。

这时候，你就会明白，原则和底线应该是富有弹性的，而不是死板的；妥协和退让可以是愉快的，而不是可耻的。

不要总觉得只有自己在受委屈，多想想对方为了跟你在一起做了多少妥协。

当你受不了他把鞋子袜子到处乱扔的时候，不妨想一想他可能也受不了你大半夜拉他下楼吃夜宵。结果是，你提醒了几次，他乱扔的习惯稍微收敛了一点点；你撒娇了一下下，他就撇下游戏陪你去吃夜宵了。

当你受不了他说话带刺的时候，不妨想一想他可能也受不了你的“半天憋不出来一个字”。结果是，你生气了一下下，他在你面前稍微改了一下说话方式；你沉默的次数多了，他就习惯了主动寻找话题。

当你受不了他精打细算地过日子时，不妨也想一想他可能受不了你大手大脚地乱花钱。结果是，他慢慢尝到了品质生活的甜头，而你也在有意识地减少不必要的花销。

妥协不是将就，将就是逃避问题，而妥协是解决问题。

妥协也不是讨好，讨好是变相地对自己施暴，而妥协则是换了一种方式让自己开心。

就像渡边淳一在《钝感力》中写的那样："人啊，只有对各种令人不快的毛病忽略不计、泰然处之，才能开朗、大度地活下去。"

无论什么时候，当两个人的生活出现了矛盾时，你都要记住，是“我们 PK 问题”，不是“我 PK 你”。

经常听到有人说“不妥协”，但相当大一部分人所谓的“不妥协”翻译成大白话就是："我才不管我老不老、懒不懒、丑不丑、穷不穷，我也不管社会讲不讲门当户对和郎才女貌，反正这个世界得给我准备一个十全十美的恋人，而且他还得理解我、爱着我、守护我，他最好还会烧一桌子好菜，会写一手好情书，会说一堆甜死人的情话。”

我也承认，世界上肯定有你说的这种完美的恋人，他各方面都是满分：英姿飒爽，才高八斗，富甲一方，谈吐风趣，品位一流，情商出众，厨艺卓绝……但我希望你能想一下：如此完美的人为什么要选漏洞百出的你？

那么，爱情到底需不需要妥协呢？

我觉得是这样的：开始一段关系之前，你最好不要妥协。

你喜欢帅的，那么就别为了急着脱单就选个丑的；你想要找个有钱的，那就别因为愁嫁而嫁给穷的；你想找个品德高尚的，就要警惕口碑不好的。

但是，如果是动了心，或者是已经和觉得合适的人在一起了，那么你就需要做出妥协。

就像是，你喜欢辣火锅，他喜欢清汤锅，那就一起去吃鸳鸯锅，你在辣汤里涮你喜欢的手切牛肉，他在清汤里涮他喜欢的茼蒿和豆皮。

就像是，你喜欢吃榴梿，而他喜欢吃桃子，你买榴梿的时候会想着给他买桃子，而他去买桃子的时候也会想着给你买榴梿。

爱不是让人受委屈的，而是一起消灭失望，创造希望。

怕就怕，有的人什么都想要，要很多很多的爱，要很多很多的钱，要无休止的新鲜感，要随处可见的仪式感，任何一点没有得到满足，就觉得自己亏了，觉得别人变了。

对这种在感情里受不了半点儿委屈的人，我建议你还是去抓个唐僧做男朋友吧，能玩就一起玩，不能玩就把他吃掉，不管怎样都不亏。

2 /

我刚毕业就到沈阳了，有幸认识了老余。一有时间，我们俩就混在一起，逛街、撸串、吹牛、畅想未来。

喝完三块钱一瓶的啤酒，两个人就大言不惭地说哪天要把路边摊斜对面的一排大楼全都买下来，如果再加一碟花生米，感觉整个地球都是自己的。

牛没少吹，丢脸的事情也没少做。有一次闲逛，饿得前胸贴了后背，我们俩就随便进了一家不起眼的临街小餐厅，真的是很不起眼。

但落座之后，拿到菜单的时候，我们就傻眼了——太贵了！

当时，服务员面露微笑地恭候在一旁，我们的脸色则由惨白变得绯红，就在这时候，他开口说话了：“那个，老杨，你不是说一会儿有个学长要来吗？咱们是不是应该去接接学长？”

我秒懂，还假装拍了一下大腿：“哎呀，怎么把这事儿给忘了，走走走，快去接人。”

就这样，我们匆匆地“逃”了出来，走了好远才敢回头望，生怕那个服务员站在门口盯着我们。

就这样，两个饿得饥肠辘辘的年轻人抱着马路边的电线杆笑得前仰后合。

但我们并不担心在对方面前丢脸了，我知道他一个月就那么点儿工资，他也知道我一个月就那么点儿稿酬，我们落荒而逃是如此的天经地义。

生活中的我们互相敬佩。他敬佩我能一动不动地坐上几个小时，而我敬佩他文采斐然；他觉得如果我和他在一家公司，那么他肯定没有我进步快；而我觉得要是在一个部门，我肯定没有他混得开。

同时我们也互相“看不惯”。他看不惯我话太少，我看不惯他是话痨；他看不惯我成天抱着书啃，我看不惯他成天给不同的人写情书。所以他从来不会看我写的东西，而我也从来不会关心他的恋情。

但我们还是乐于见面，要么是各玩各的保持沉默，要么是毫无芥蒂地说着各自的痛快和困惑。

舒服就是：彼此之间有心照不宣的留白与空间，也有无须多言的尊重与理解。

就像林语堂在《后台朋友》里写的那样：“在他面前，不必化妆，不必穿戏服，不必做事情，不必端架子，可以说真话，可以说泄气话，可以说没出息的话，可以让他知道你很脆弱、很懦弱、很害怕……在他面前你早已没形象可言了，也乐得继续没形象下去。”

我们都希望拥有一个和谐的人际关系，但人与人之间是一定会有矛盾的。不管多么亲近，多么了解，当彼此的想法、行动、需求或目标不匹配时，都有可能产生矛盾，乃至隔阂。

比如，你认为你自己做得已经足够好了，而他还是觉得你得加把油；你喜欢周末睡个懒觉，而他则喜欢一早起来玩吉他；你觉得自己很有教养，而他偶尔会表现失态；你自认为非常有诚信，而他偶尔会撒个谎。

又比如，你心心念念追到手的那个人可能会隔三岔五地激怒你，你以为能够继续一辈子的友谊可能正在崩塌的边缘，你打算为之奋斗终生的事业可能越来越闹心。

这些时候，脑子就得变成容器，而不是计算器。

你得记着对方的好，来抵消他的不好。你得去了解对方的真实想法和需求，去理解对方的底线和原则，最终求同存异，找到最舒服的相处方式。

而不是一味地宣示自己是直肠子，受得了这个、受不了那个，然后稍有不满就绝交，稍有不如意就断交，稍微被冷落了一下就彻底寒了心。

换言之，你为对方所做的种种妥协，统统都是基于“我想了解你”“我很了解你”，以及“我始终支持你”。

因为你的妥协不是为了得到他的感激，而是为了让这段关系还能继续下去。

所谓“知己”大概就是：他身上有你崇尚的品质，你身上也有他敬佩的素养；在你们眼里，对方不仅有做朋友的善良，还有足以成为对手的勇武。因为对方的存在，这个世界就多了一个可以分享一切的人，而不是多了一段让人疲惫的关系。

3 /

有个男生问我：“我不想向生活妥协，有错吗？”

我回复道：“算不上错，但你要明白，生活也不会向你妥协，你能刚得过它就行。”

我所理解的“妥协”，并不是做自己不喜欢的事，而是做自己“明知道是不对”的事。

比如说，接受一份低于自己期望的工作并不是“妥协”，因为它可能是积攒经验的必经之路，但是，在做这份工作的过程中消极怠工就是妥协。

听从老板下达的指令不是“妥协”，因为老板的格局可能比你更大，他考虑问题可能比你周全，但是，对老板的指令阳奉阴违就是妥协。

和与自己观点不同的同事合作不是“妥协”，因为这是工作需要，但是，装作与他观点一致或者在背后搞小动作就是妥协。

接受朋友的建议而做出改变不是妥协，因为自己可能考虑不够周全，但是，违背自己的判断或者仅仅是为了取悦朋友就是妥协。

换句话说，“生活需要妥协吗？”这一提问其实可以简化成：你的妥协是服务于真与善，还是屈从于假和丑？

很多人喜欢把成长和妥协扯在一起，觉得成长就是妥协，就是被生活磨平棱角的过程。

其实这只是一种错觉。你并不是因为成长才妥协的，只是因为你在小时候不需要考虑太多，所以有很长一段时间，你觉得世界是自己的，觉得所有人就应该围着自己转。这种心态很正常，但如果一辈子都这么想，就太幼稚了。

同样，你幻想出“棱角”这种东西，无非就是抚慰一下自己当前的不如意罢了，好让自己以为曾经的“那个我”非常自由，非常个性，非常勇敢，这种心态也很常见，但如果天天这么想，就太矫情了。

事实上，你就是一个越活越明白的俗人，你根本就没有什么金光闪闪的“棱角”，生活也根本不会派巨兽或者恶魔来打磨你，你只是越来越有自知之明了，越来越清楚自己在这个社会中的位置，越来越清楚世界到底是怎么回事了。

所以，你修正了自己的航线，只是为了让自己这艘破船不至于撞到冰山；你略微调整了一下高度，只是为了让自己这架小飞机不至于一头扎进雷暴云团之中。

就好比说，你以前觉得爱就是“只求付出，不求回报”，可当你经历了几段虐心的感情之后，你才晓得，任何感情都是要求回报的。于是，你从“只求付出”变成了“需要回报”。

就好比说，你以前觉得“见死不救”的都是人渣，可当你遇见有人落水了，你也犹豫了，因为你不确定自己救不救得了那个人。于是，你从“憎恨见死不救”变成了“我也见死没救”。

就好比说，手机变得越来越智能了，电脑变得越来越小巧了，它们不是跟谁妥协了，而是越来越适应这个时代了。

是的，你学会了设身处地，学会了站在别人的立场看待问题，学会了体谅，也学会了权衡。

也正因为如此，你摧毁了从前的狭隘格局，推翻了童话故事般的认知，撕破了岁月静好的假象。这是你基于“见识增长”的重新思考，是你不偏执、不死板、不幼稚的自我调整，你应该为此感到高兴。

毕竟，人都是在磕磕碰碰中把自己调整到适应这个世界的样子的。

风往哪个方向吹，草就要往哪个方向倒。

年轻的时候，我们都以为自己是风，可是某一刻顿悟之后才知道，原来我们都是草。

成长的秘诀就是：慢慢理解世界，慢慢更新自己。如此一来，即使不够顺心，也还能如意。

无论什么时候，

当两个人的生活出现了矛盾，

你都要记住，

是“我们 PK 问题”，

不是“我 PK 你”。

图书在版编目（CIP）数据

热爱可抵岁月漫长 / 老杨的猫头鹰著．-- 北京：新世界出版社，2020.7
ISBN 978-7-5104-7008-0

Ⅰ．①热… Ⅱ．①老… Ⅲ．①心理学—通俗读物 Ⅳ．①B84-49

中国版本图书馆 CIP 数据核字（2020）第 058806 号

热爱可抵岁月漫长

作　　者：老杨的猫头鹰
责任编辑：丁　鼎
责任校对：宣　慧
责任印制：王宝根
出版发行：新世界出版社
社　　址：北京西城区百万庄大街 24 号（100037）
发 行 部：（010）6899 5968　（010）6899 8705（传真）
总 编 室：（010）6899 5424　（010）6899 6679（传真）
http://www.nwp.cn　http://www.nwp.com.cn
印　　刷：吉林省吉广国际广告股份有限公司
开　　本：880mm × 1230mm　1/32
字　　数：240 千字　　印　张：9.75
版　　次：2020 年 7 月第 1 版　2020 年 7 月第 1 次印刷
书　　号：ISBN 978-7-5104-7008-0
定　　价：45.00 元